ICT農業の環境制御システム製作

自分でできる「ハウスの見える化」

中野明正・安東赫・栗原弘樹・［編著］

はじめに

インターネットやスマートフォンに象徴されるICT (Information communication technology)。 この分野の技術は日進月歩であることは皆さんご存じのとおりである。農業分野でもこれらの先端技術を取り入れ、革新を起こすことが期待され「農業ICT」は人口に膾炙されるようになった。本書でとりあげるUECS（ウエックス, UECS: Ubiquitous Environmental Control System）は、後ほど詳しく解説するが、平たくいえば「農業ICTをより気軽に取り入れることを可能にするツールのひとつ」である。このような農業ICTの取り組みの恩恵は、現状では一部の農家にとどまり、まさに緒についたばかりといえるだろう。しかし、今後このような「データに基づく農業」をゆるぎないものとしない限り、労働力不足に象徴される日本の農業問題の解決は難しいであろう。

本書は農業ICT、特にハウス栽培におけるICT化を1人でも多くの人に広めるということを目的に企画した。また一方で、時代を経ても古くならない考え方を伝え、ICT化を基礎的な材料で再現できるということに主眼をおいた。

たとえば、「電子工作の経験者でハウスの環境制御をしてみたい」という方にはすぐにでも取り組める内容である。また、「電子工作は苦手だけれども安くハウスの環境制御をしてみたい」という方にはそれに対応した情報を提供した。例えば、「基盤の作成など煩雑なところはお任せしたい」という方のためには、オーダーメイドで組み立ててくれる企業の情報を付記した。

自作の環境制御装置でハウスが“見える化”され、実際に環境制御できることは大いに興奮することであるが、トマトなどの農作物を生産し、収量ひいては収益が増えることが最終目標である。本書で紹介するような手作りの装置でどんな制御ができるのか、どのように生産性が改善されるのか？ 日本全国で展開しつつある実例についても可能な限り盛り込んだ。

繰り返しになるが、農業のICT化は労働力が減少している日本の現状において、生産性を向上させるため避けては通れない課題であろうが、ハードルが高いことも理解できる。高度な最高級フルスペックの環境制御装置でなくても、本書で紹介するようにかなりのことができる。それをまずは実感していただきたい。共通理解の上に立つ仲間が多く得られることも励みになるであろう。そのために、このような取り組みに参加するみんなが共通して利用できるソフトウエアも紹介した。

本書を参考にしていただいて「いろいろなレベルの方がどこからでもハウス生産のICT化に参入できるようになり、農業が活性化される」、このことが本書の野望である。そしてこの取り組みは、農業ICTの「草の根革命」であると思っている。軽やかに環境制御を導入して、みんなのハウス環境を比べ、生産性を上げるための議論をしようではないか。

2018年7月　著者を代表して　中野 明正

CONTENTS

3章

UECSによる環境モニタリングとクラウド利用

4章

データを活用した環境制御の基礎と収量予測

CONTENTS

5章

実例で学ぶUECS導入

6章

ICT農業の未来

1 章

農業のICT

UECSとは何か

近畿大学 生物理工学部 **星 岳彦**

UECSは、ユビキタス環境制御システム（Ubiquitous Environment Control System）の頭文字で、「ウエックス」と発音する。2004年に公表された日本発の技術である[1]。温室やハウスなどの園芸施設の環境をICTで計測・制御するための自律分散型システムの名称である。ここでは、UECSが誕生した背景、UECSの特徴、そして、UECSが今注目されている理由について述べる。

1 UECSの誕生

「板子一枚下は地獄」という船乗りのことわざがある。船で海上を自由に往来できるのは、沈没すれば溺れ死んでしまう地獄の海と薄い舟板1枚で隔てられているからで、その危険を忘れてはいけないという意味だ。園芸施設も厚さ数mm以下のガラス板やプラスチックフィルム1枚で、目まぐるしく変わる過酷な気象環境から植物を保護している。分厚い建材を使えないのは、日光を取り入れるための宿命である。このため、施設内の環境は外気象の影響を大きく受ける。そこで、窓を開閉したり、暖房を入れたりしなければ、なかの植物がうまく育たないばかりでなく、枯死してしまう危険さえある。時季外れに、あるいは、予定どおりに、植物をうまく育てるには外の気象変化に対応して巧みに窓や暖房を調節しなければならない。こうして生まれたのが、天窓自動開閉機や自動温度調節器つき電気温床線である。

やがて、気温だけでなく、光、土壌水分、CO_2、湿度、風などのいろいろな環境を考慮に入れて制御したほうが収量が多くなるし、省エネルギーにもなると、1975年に実用的な複合環境制御装置が日本で発表された[2]。これはまだコンピュータを使っていなかった。マイクロコンピュータが普及する1980年代になると、それを使ったマイコン環境制御装置が製造・販売され、農家への導入もある程度進んだ（図1）。しかし、価格と機能が高かったので、補助金なしでこのような装置を日本で主流の中小規模・軽装備施設に導入することは難しく、2000年以降には、日本の製造会社のほとんどが撤退してしまった。欧米のマイコン環境制御装置を導入した大規模な施設と比較すると、日本の農家の施設の大部分はとても低い生産性のまま、時代に取り残されつつあり、施設の設置面積も減少し始めた。何とかしないといけない。

昔のマイコン環境制御装置は、1台で天窓2系統、側窓2系統、2層カーテン、暖房機、CO_2施用機、循環扇などの制御ができた。換気窓しかない施設では、不必要な機能が多すぎるし、それにお金を払うのももったいない。「換気窓しかない施設など、規模に合わせてICTで安く巧みに制御できる方法はないか？」という考えから導き出されたのが、自律分散システムという答えであった。コンピュータICチップの価格は今後大幅に安くなり、各種計測制御機器に内蔵されるようになると考えた。そのような機器を施設の必要な場所に

図1 神奈川県の先進施設園芸農家に導入された初期のマイコン環境制御装置とパソコン（1984年頃）

分散配置し、ネットワークでつないでお互いに通信可能にする。各機器内蔵のコンピュータは、環境や他の機器の動作状況を通信で知り、配下の機器をどのように動作させれば良いかを自分で判断でき、自律的に計測制御する。こうすれば、たった1個の機器から数百個の機器が結合されたネットワークまで、設置する機器の数を増減するだけで、施設規模に適合した環境計測制御が実現できると考えたのである。実現可能性を確かめるため、農村工学研究所（現在、農研機構農村工学研究部門:つくば市）の小型ハウスで基礎実験をした（図2）。この実験結果から、ユビキタス環境制御システムの基本的構想が形成されたのが2004年であった[1)]。

構想を実現しようと、私が呼びかけて協力組織を募り、2年間の公的研究プロジェクトに応募し採択された。その結果、機器間の通信にインターネットで使われるEthernet（IEEE802.3）・UDP・XML[※1]の使用、人間による機器動作の監視と設定に同じくTCP/IP・HTTP・CGI[※2]の使用、そして、計測制御データの特定方法、有効範囲、優先順位、自律動作と遠隔制御の切り替え方法など、現在使用されているUECSの規格の骨格が定められた。今でいうIoT（モノのインターネット）化されたこのような機器のことを、UECSではノードと呼ぶ。2005年には、プロジェクトに参画した3社が試作した16台のノードを、野菜茶業研究所武豊研究拠点（当時：愛知県、現在、農研機構野菜花き研究部門：つくば市）の約10aの低コスト耐候性ハウスに設置した。規格だけを合わせて各社で個別に試作されたこれらのノードは、ネットワークに接続され自律分散協調して、長段トマト養液栽培の高度環境制御を実現した。構想が実証され、2006年にはコンソーシアム団体であるUECS研究会（https://uecs.jp/）が創立され、実用化された。

2 UECSの特徴

従来のマイコン環境制御装置と比べ、UECSの特徴（図3）は、自律分散システムによるものと、規格のオープン化によるものとの2つに分けて考えることができる。

まず、自律分散に起因する特徴として、設置ノード数を変更するだけで、計測制御点数（ハードウェア設計）やプログラムの変更なしに、小規模から大規模施設までの環境計測制御に対応できるという点がある。これは、自分の施設を一気にICT化するのではなく、成功するにしたがって徐々に拡充していきたいという農家の

図2　農村工学研究所の小型ハウスで基礎実験中のUECSの原型モデル（2004年頃）

指向にも合う。つまり、最初は計測（環境モニタリング）だけから始め、それがうまくいったら巻き上げ側窓の開閉制御、今後は CO_2 施用に挑戦する、というような段階的ICT化にも、UECSにすれば余分な出費や機器交換が少なく対応しやすい。

また、個々のノードはパソコンなどの応用ソフトウェア（アプリ）からの通信を受信して統合的な環境制御を実行することができる一方で、各々のノードが独立した自律的環境制御も実行できる。この特徴は、万一、どこかが故障しても、環境計測制御システム全体が停止することがない。つまり、故障しても被害が全体に及びにくいという特徴である。

一方、規格のオープン化とは、UECS共用通信子（UECS-CCM）と呼ばれるUECSのノード間通信規約が任意団体のUECS研究会から公開されていることである。現在は、UECS-CCM ver. 1.00-E10（通称：イーテン）が公開されている[3)]。この規格どおりの通信ができる機器を製作すれば、それはUECSのノードになる。製品を販売したい場合は、UECS研究会に入会して開発者IDを取得し、規格に準拠した製品である証拠としてロゴマーク（図4）を掲出できる。ロゴマークの付された製品は、UECSのネットワークで他の機器との接続・共存が可能である。

こうして、自作したノードも、試験研究機関が試作したノードも、各社の製品ノードと混在して

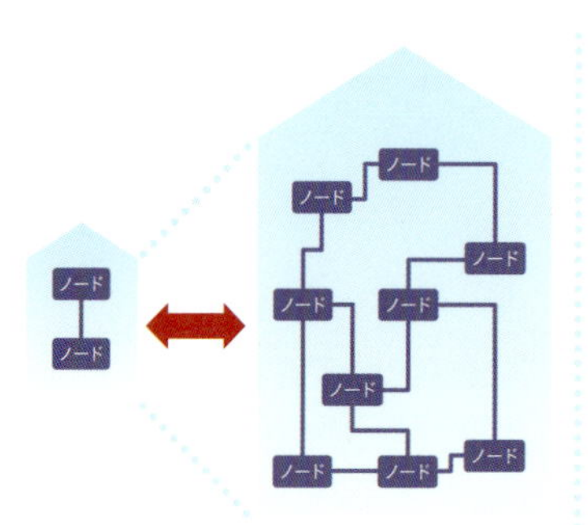

小規模から大規模施設まで対応可能

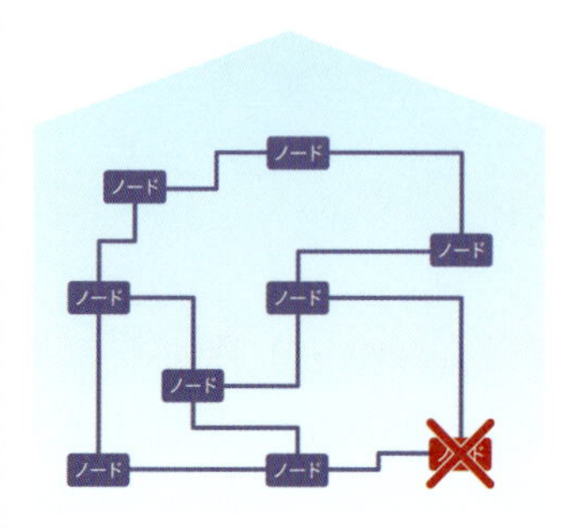

故障しても被害が全体に及びにくい

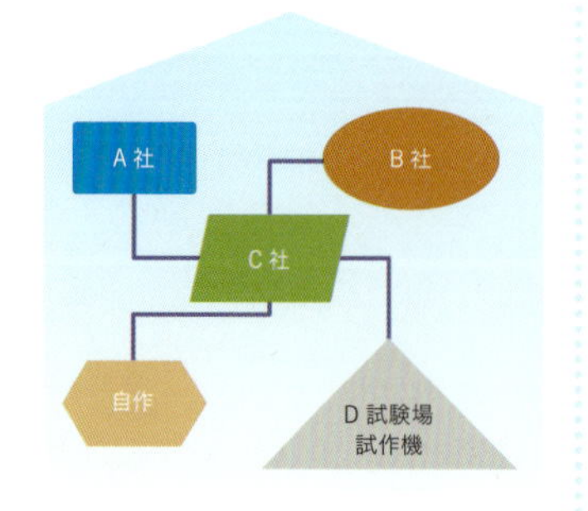

各社の機器を混在し、協調動作可能

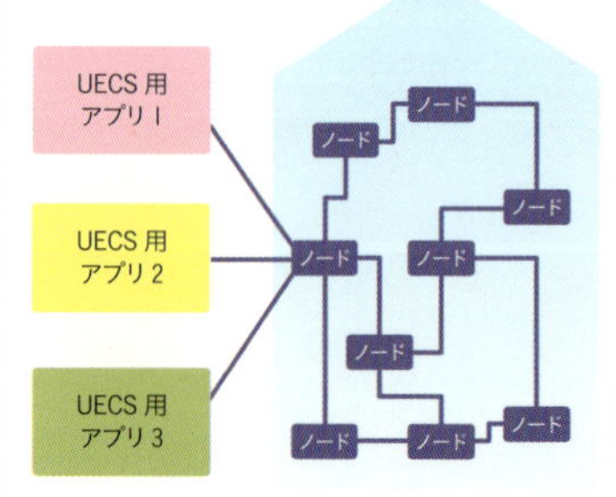

ソフトウェア（アプリ）が共通化できる

図3 UECSの主要な特徴

施設のネットワークに接続し、自律分散協調して動作する。特定の企業独自のマイコン環境制御装置を施設に導入してしまうと、以降の機器の拡張と交換は、その企業の製品を使わざるを得なくなる。最悪のケースでは、その企業がマイコン環境制御装置の製造や保守点検から撤退してしまった場合、現在使っている機器が故障した後は他企業の製品に全交換しなければ、高度な環境制御が継続できなくなる。UECSに対応したノードやマイコン環境制御装置を使っていれば互換性があるので、これらの問題は解決可能である。UECSは開発・導入された施設の環境計測制御システムの持続性を高める。

また、UECSのネットワークで通信される情報を使用して、環境モニタソフトウェア、統合環境制御ソフトウェア、施設の換気回数計算ソフトウェアなどの各種アプリが開発されている。これらのUECS用アプリは、多くの場合、設定を少し変えるだけで各社の製品、自作品、試作品などに共通して使用できる。つまり、パソコンのOSのようにアプリを共通化できるので、UECSのハードウェア製品を製造していないソフトウェア企業が参画し、UECS用アプリだけを販売しても利益を得られる可能性が高くなる。このことは、安価で高機能な施設環境計測制御用のアプリの開発・販売を促進する。スキルのある農家が、自己の施設用の優れたUECS用アプリを開発すれば、それを販売するビジネスにできる可能性も高い。

図4 UECS規格の準拠により掲出可能となるロゴマーク

3 UECSの今とこれから

UECSの公表から間もなく15年を迎える。実用化から最初の10年は、思ったほど低コストのノードを開発・販売できず、国の補助事業を中心とした導入がほとんどであった。特に、UECS用コンピュータ基板の製造数が少なく、高コストになってしまうのが課題であった。基板製造企業が販売を中止したこともあった。また、実用化当初は、環境計測センサー（特に温湿度センサーとCO_2ガス濃度センサー）が高価格で、しかも、施設の環境で使用すると短寿命なことも問題であった。

これらの課題に対して、近年、シンギュラリティ（技術的特異点）が訪れ、中小規模の施設農家が自費でUECSを導入し、スマート農業を実践できる可能性が拓かれたのである。まず、教育用などの目的で低価格で高性能な汎用コンピュータ基板が簡単に手に入るようになった。数社が製造・販売したUECS用コンピュータ基板は、1枚1万円強～4万円弱であった。最近の低コストUECSで使用されている汎用コンピュータ基板は、4,000～9,000円程度になった。この基板を使うことでUECSノード製造の低コスト化への道が拓かれた。もう1つは、MEMS（微小電気機械システム）技術などの発展で、UECSの開発当初と比較して、センサーの価格と寸法が1/20～1/10に低下したことである。小型低コスト環境センサーを使用できるようになり、施設の見える化を推進する施設の環境モニタ製品の販売が、ここ数年で急増している。これまで、タイマーなどを使って行っていたCO_2施用も、CO_2ガス濃度センサーを使った効果的な施用制御方法に急速に変わっている。

このような情勢変化を感じ、2013年度から農家や研究者が自作でき、自費で導入可能な低コストUECSの基盤的研究プロジェクトをスタートさせ、2015年度までには成功のめどがついた。そこで、中小規模の施設農家が自費でUECSを導入し、スマート農業を実践できるようにするため、UECSの導入に関心のある6県と企業、農研機構、大学が共同して、2016年度から3年間のプロジェクトを立ち上げた。ここでは、低コスト汎用コンピュータ基板としてRaspberry PiとArduinoを用いたシステム、既存のマイコン環境制御装置をUECS対応にする各技術の実用化を狙って研究開発を行っている。これらの成果が本書にも多数取り上げられている。また、農家・普及員・研究者が便利に使える各種UECS用アプリの開発と無償配布も実施している。例えば、UECS-GEARという環境解析アプリは、UECSが計測した施設の環境データを記録し、環境の探索や予想などが便利に行える（図5）。また、制御ロジック開発ツールは、パソコンで図形を組み合わせて、複雑な環境制御方法を容易に開発・実行できるUECS用アプリである（図6）。プロジェクトの成果やUECS用アプリは、Webページ（http://smart.uecs.org/）で公開されている。ぜひ活用していただき、UECSで簡単にできるハウスの見える化と制御を実践してくだされば幸甚である。

これからの課題として、UECSが農家に普及し、増収や増益、生産技術の向上につなげていくためには、導入したUECSの活用度を高めていく必要がある。例えば、UECSを使って、自分の施設のどの環境がいつ問題だったのか、植物がこういう育ち方をしている時にはどの環境制御設定値をどのように変えれば良いのか、センサーの寿命が

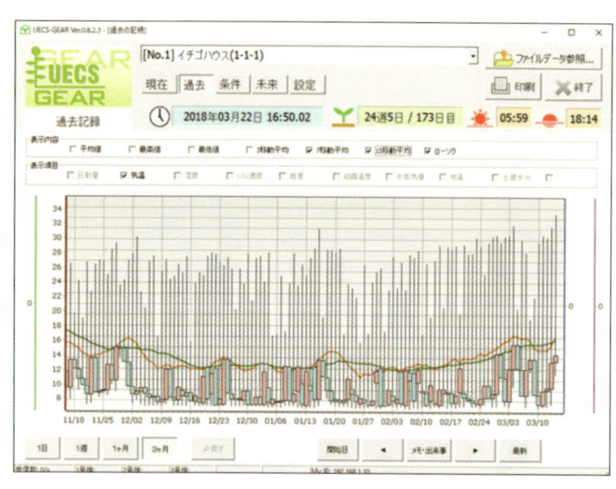

図5 UECS-GEARの動作画面例（星、2018）

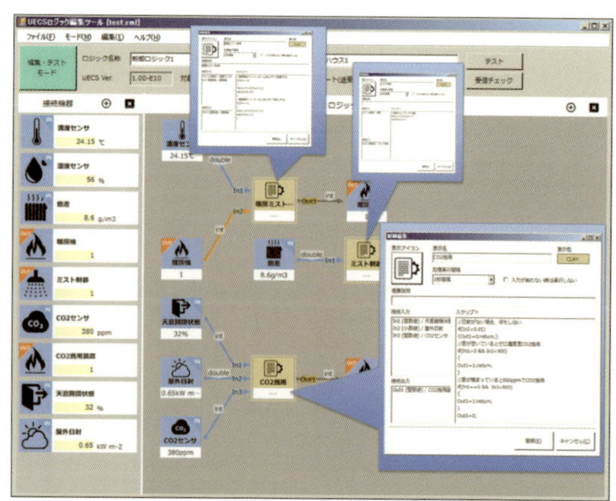

図6 制御ロジック開発ツールの動作画面例（黒崎、2017）

きた兆しは環境計測データにどのように現れるのか、などを理解すれば、導入したまま使っている時と比べ、一層の活用ができるようになるであろう。このためには、教材開発、人材育成などの教育に関する技術開発を進めていく必要がある。

また、いつか必ず、機器は故障したり、不具合が発生したりする。これらに対処するため、保守点検や修理などのメンテナンスが重要である。UECSのような低コストの機器は、その度に会社に電話して出張無償メンテナンス対応する経費的余裕は販売・施工会社にない。都度有償で対応すれば、結局、高コストシステムになってしまう。今後、普及が進むに従い、メンテナンスが大きな課題になると思われる。その解決法として、センサーなどの消耗部品は、電球の球を交換する程度のレベルで農家が自分で交換できるようなDIY（自分でやる化）を推進する方法がある。実現には、センサー端子の共通規格化、ノード構成部品を簡単に交換できる仕組みの導入などが必要であろう。メンテナンスが農家で難しい場合、支援できる技術的スキルを普及員に獲得してもらうための、教育・資格制度の制定なども有効ではないだろうか。

謝辞

本稿では生研支援センター「革新的技術開発・緊急展開事業（うち地域戦略プロジェクト）」の「UECSプラットホームで日本型施設園芸が活きるスマート農業の実現」の研究成果を一部引用させていただいた。

引用文献

1）Hoshi T, Hayashi Y, Uchino H. Development of a decentralized, autonomous greenhouse environment control system in ubiquitous computing and Internet environment. Proc. of 2004 AFITA/WCCA Joint Congress on IT in Agriculture. Bangkok, Thailand, 490-495. 2004.
2）関山哲雄．複合環境調節装置の構成と動作について．農業気象．31：95-101．1975.
3）CCM標準化部会．ユビキタス環境制御システム通信実用規約 version 1.00–E10. UECS研究会. 45 pp. 2010.（https://uecs.jp/uecs/uecs-5.html）

※1　Ethernetは世界中のオフィス・家庭に普及している有線のインターネット接続線（ケーブル）の電気的規格である。UDPは、インターネットで用いられるストリーム型標準通信規格である。XMLは、拡張されたテキストの印づけ用言語規格で、通信されるデータの定義づけを記述できる。

※2　TCP／IPは、インターネットで標準的に用いられるデータグラム型通信規格でインターネット・プロトコル・スイートとも呼ばれる。HTTPは、Webページの伝送を行うための規格であり、この規格のデータに対応した表示アプリがWebブラウザである。CGIは、Webページを動的に生成するための規格で、ユーザの要求をWebサーバに伝えたり、表示するデータを要求に合わせて変化させたりすることを可能にする。

農業ICT化の現状と施設における UECSの実践イメージ

農林水産省
農林水産技術会議事務局
中野 明正

1 はじめに

まえがきで若干解説したが、"ICT" とか "UECS" とか、もしかしたら聞いたこともないような用語が本書では飛び交う。理解が進むように逐次丁寧に説明したいが、これらはインターネットに接続した環境で農業を効率化しようとする「道具」の話である。細かい技術論は次章以降に譲るとして、まずは、このような「道具」で何を目指すのか？ また施設（ハウス）栽培で何ができるのか？ 最後に実例をひきながら全体をイメージしたい。

ICT に関連する分野の技術は日進月歩であり、「技術」もさることながら具体的な「製品」も改良が進む。そのため、本書の情報はあくまで発刊当時の情報であることをご了承願いたい。具体的な製品については、比較的広く知られているという観点から総合的に考えて紹介した。一方で、漏れているものも多数あると思う。読者からのご教示をお願いしたい。

2 農業ICTの今

まず、少し視点を広げて農業全体の ICT の現状と、そのなかでの施設栽培の ICT 環境制御の現状について述べる。

1. 始まったばかりのスマート施設園芸

農業 ICT に関連する技術は様々である。パソコンをはじめ、スマートフォンやモバイル端末、それらを利用する社会的なインフラ、そして通信技術は整備された状況である。

2. 農業ICTでよく利用されているサービス

(1) SNSによる情報共有

農業 ICT のなかでも最もハードルが低いのが、SNS を活用した情報共有であろう。情報交換の場として FB（Facebook）農業者倶楽部などがあり、農業者間、農業者と消費者の間での情報共有が盛んになってきた。このようなツールを介して、個別の農業問題が相談できたり、生産物の情報を発信できたり、農産物の評価がフィードバックされたりと、今すぐ気楽に使えるツールである。

(2) 農業の情報のオープン化

■ **農産物情報**：市場情報については、いまや簡単に入手できる情報の 1 つとなった。また、農産物の栽培履歴についても「顔の見えるツール」が種々開発された。トレーサビリティを含めた農産物流通のインフラとして、青果ネットカタログ「SEICA」はその走りであろう。今では民間企業において様々なシステムが実用化されている。農業競争力の強化のためには、さらなる農業の情報化が必要である。特に資材や売買の情報、研究情報など、不十分な部分は最近取り組みが始まった。「農業競争力強化プログラム」において、国は民間の ICT ノウハウ等を活用して農業の見える化を推進している。農業者による情報の入手を円滑かつ容易にすることにより、農業の競争力の強化の取り組みが支援される。具体的には、農業者に役立つ「見える化」ウェブサイトをまとめて「まるみえアグリ」として開設されている。資材のマッチング「AGMIRU」、流通のマッチング「Agreach」、研究情報のマッチング「アグリサーチャー」がある。

■ **AGMIRU（アグミル）**：AGMIRU（ソフトバンク・テクノロジー（株）が運営）は、農業資材の見積もりができるソフトである。一括して異なる業者の見積もり価格の比較ができる。より安い資材が購入でき生産者のメリットは大きい。実はこのような考え方の先行事例がある。それはアメリカで展開されているFBN（ファーマーズビジネスネットワーク）である。2014年にグーグルの元社員により設立された会社で、農業経営管理のアプリケーションの提供から、現在は資材・生産物販売など総合的なサービスを提供している。今後、AGMIRUのサービスも拡充されるだろう。

■ **Agreach（アグリーチ）**：農林水産業流通マッチングナビであるAgreach（(公財）流通経済研究所が運営）は、農林水産物の流通に携わる事業者に関する情報プラットフォームである。売りたい商品や買いたい商品、希望する取り引き条件など、知りたい情報を検索して新しい取りき引先を探すことができる。

■ **アグリサーチャー**：アグリサーチャーは、最新の研究成果と研究者の連絡先を簡単に検索できる情報公開（Web）システムである。生産者が興味のある成果・技術を探して研究者に相談するなど、本システムが生産現場の問題解決に活用される。研究成果を容易に検索できるシステムであり、意外と知られていない埋もれた優良情報もあるので、活用が図られることが期待される。

(3) 広がるICTの活用場面

今後、GAP（Good Agricultural Practice: 農業生産工程管理）が標準的に実施される生産管理システムになるだろう。GAPは農業において、食品安全、環境保全、労働安全等の持続可能性を確保するための生産工程管理の取り組みのことである。GAPをわが国の多くの農業者や産地が取り入れることにより、①持続可能性の確保、②競争力の強化、③品質の向上、④農業経営の改善や効率化に資するとともに、⑤消費者や実需者の信頼確保が期待される。

GAPの実践には、まず作業の記録を残す必要がある。実際は、記録やデータ整理は煩雑な作業であり、ICTにより自動化し整理する技術も開発されている。このようなシステムは普及されるべきだろう。

次に紹介する環境制御システムは生産性を高めるための環境情報の取得を目的としているが、共通システムとして労務管理を含めた総合的な管理システムとして開発している企業も多い。どの会社のシステムが日本のスタンダードになるかまだわからないが、生産者は自分の経営にあったものを選択していただきたい。またアジア地域など、今後広がる市場を目指して国際展開を視野に入れたツールに発展性があると思う。

3. 農業ICTの見える化システムとその活用

(1) まずは環境の見える化から

まず、農業の生産現場の見える化である。特に施設生産では、温度、湿度、光などハウス内環境がデータとして把握できる「見える化」が始まった。具体的には「プロファインダーNext80」（株式会社誠和。写真1左）などの製品が発売、このような計測装置を利用してデータが収集され、データを基にした議論が一部の先進的な農家、流通業者で実施されるようになった（写真1右）。すでに数千台が販売されており、普及版農業環境モニタリングの先駆けになっている。

農業ICT化の現状と施設における UECSの実践イメージ

写真1 生産環境を見える化しそれを基に議論する。（撮影：松本佳浩）

生産環境を見える化する装置、ハイテク百葉箱。

若い農業者が、データを基に議論し生産性を改善。

表 各種環境制御装置の概要

製品名※	メーカー	価格※※	特色	UECSとの連携※※※
プロファインダー Next80	株式会社誠和。	200万円	プロファインダーと連動して、暖房機や炭酸ガスなど各種機器を制御可能。	×
マキシマイザー	株式会社誠和。	500万円	外気温や地温、雨量、風向、風速なども測れ、天窓等、各種機械を連動して操作可能。	×
isii（イージー）	イノチオアグリ株式会社	1000万円	外気温、湿度、雨センサー、風向、風速などが標準装備。オプションでPAR（光合成有効放射）も測定可能。	△
プロファーム コントローラー	DENSO トヨタネ株式会社	400万円	ハウス内外の環境データに基づいて、暖房機や炭酸ガスなど、各種機械を制御可能。	×
House NAVI ADVANCE	ニッポー株式会社	120万円	地温、外気の温湿度、飽差の測定も標準装備。連動して各種機器を制御可能。	×
Akisai 施設園芸 SaaS	富士通株式会社	180万円	UECS通信規格対応のモニタリング・環境制御システム。単純制御から複合制御まで利用シーンに応じた制御が可能。栽培暦に応じた期間・時間ごとの設定を栽培テンプレートとして登録。ノウハウ継承に活用できる。	◎
スマート菜園's クラウド	パナソニック株式会社	98万円	専用のPCやソフトは不要で、スマホ・タブレットから温湿度、日射、CO_2等の環境モニタリングや、ミスト、カーテン、天窓、冷房等各種機器の制御が可能なクラウド型環境制御システム。生産者個々の栽培レシピライブラリも容易に構築可能。	○
UECS-Pi センサノードキットおよび UECS-Pi コントローラキット	株式会社ワビット	30万円	センサー情報（温湿度、日射、CO_2）や制御機器の動作情報に基づき、暖房機や炭酸ガスなど各種機器の複合制御が可能。必要に応じて制御機器の追加や縮小が容易。モバイルデータの設置によるクラウドサービス利用にも対応。自作も可能。	◎
YoshiMax	三基計装株式会社	120万円	ハウス内外の環境データに基づいて、換気窓や暖房機、炭酸ガスなど、各種機械を制御可能。	◎

※ 温度、湿度、CO_2濃度、光について測定が可能（『現代農業』2016年12月号を参考に加筆）。
※※ 価格は参考本体価格（各種センサーやクラウド・通信利用料などから追加費用がかかる場合もある。購入に当たっては、メンテナンスや技術指導の有無、設置費用などについても確認する必要がある）。
※※※ ◎：UECS使用、○：接続可能、△：検討中、×：現状（2018年5月時点）接続できない

(2) 環境を制御する

さらに進んだステージとして、「Akisai 施設園芸 SaaS」、「スマート菜園's クラウド」、「プロファームコントローラー」など環境制御装置と連動した製品が販売され（表）、一定の市場を形成しつつある。しかしトータルの販売台数は数千台規模であり、普及はこれからである。

(3) みんなで議論するためのデータを得るツール

先に述べた「プロファインダー Next80」は、実際、栃木県のトマト生産部会で活用されている。得られたデータを見て生産者が議論をし、それに基づく改善で生産性が向上している。プロファームシリーズは豊橋市で導入され、DENSO の環境制御技術とトヨタネ（株）の栽培技術を融合させ、収穫量の向上が実証されている。

このような、データによる環境把握とそれに基づく改善により生産性が向上した成功モデルが各地から出てきている。今後このような事例が横展開されデータが共有されるようになれば、日本全体としての生産技術の底上げが急速に進むと期待している。

3 施設園芸とUECSによるICT化のターゲット

1. 施設規模の違いによるハウスICT化

農業分野の ICT 活用は不十分であるとはいえ、進展している様子をわかっていただけたと思う。農業全体で見ると施設園芸は最も ICT 農業が浸透しているいわば優等生である。施設園芸の ICT 化を今後どのように展開させていくべきか、施設栽培の現状から戦略を述べたい。

ここではまず、施設園芸の規模による ICT 化の違いについて整理する（図 1）。日本の施設生産を類型化してみると、10a 以下の小規模なハウスから 数 ha 規模の大規模なハウスまで様々な大き

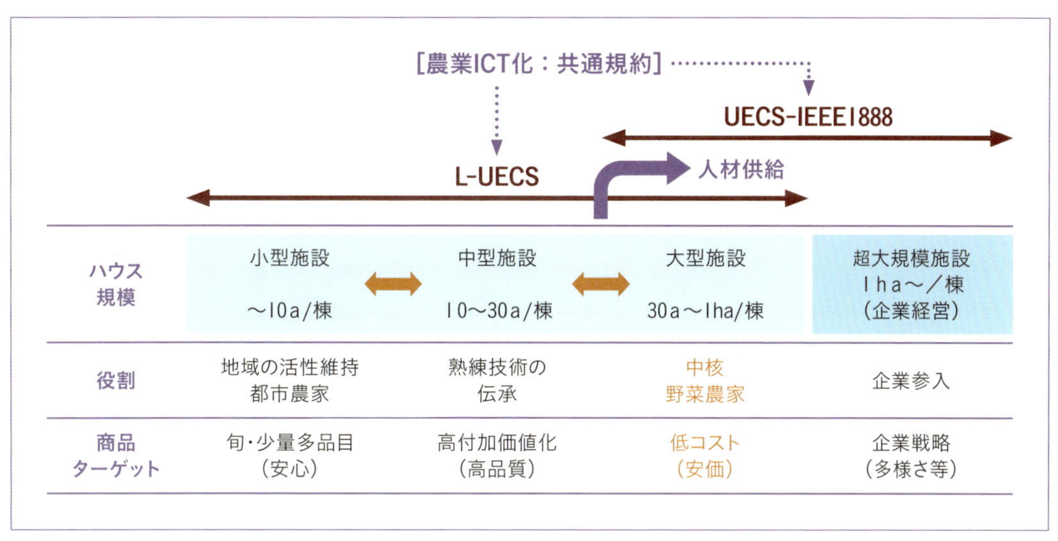

図1　日本におけるトマトの生産の展開と ICT 化

農業ICT化の現状と施設における UECSの実践イメージ

さがある。それらは担う役割もターゲットとする商品も異なる。いわゆる最先端の太陽光利用型植物工場ともいわれる高度な施設園芸では、ICT技術は標準技術として導入されている。これは基本的にha以上の大規模施設であり、定時、定量、低価格の戦略である。一方、小規模になるほど、"こだわりの農産物"として高く販売する戦略を取らざるを得ない。一般に、小規模のハウスにおいてはICT技術の恩恵に浴し生産性を高めるというレベルまでには至っていない。つまり、施設生産において大半を占めるビニルハウスの土耕栽培では、ICT技術はほとんど活用されていない。しかし、最先端技術はこのような中小規模ハウスにこそ浸透させていくべきである。ICTはそのような垣根を越える技術である。

UECSは小規模から大規模まで幅広くカバーできる、廉価で、自律分散型の管理が行えるシステムであるが、このような特性は特に中小規模でその能力を発揮する（図1）。

現在、大規模なハウスでは、図1に示したように、大手のメーカーが国際規格（IEEE1888等）に準拠した規格で制御装置を開発しているが、高度な制御ができる反面、概して高額で、中規模以下のハウスでは手が出ないのが現状である。最近ではこのような規格とUECSとを結びつけるような"翻訳ソフト"の開発も進みつつあり、日本全体としてはUECSで一気通貫させる状況が整いつつある。

ここでL-UECSとしたのは、Light（低負荷版）UECSの略であり、今から述べるUECSも、さらに使いやすいように、より簡単な仕組みになるように改良されている。

2. 大規模ハウスの環境制御の成果を中小規模へ

強い農業のひとつの柱として、大規模な太陽光利用型植物工場に注目が集まっている。実際、トマトで50kg/m^{2}を超える収量の生産者も現れてきた。生産者は環境制御を駆使し、温度、飽差、

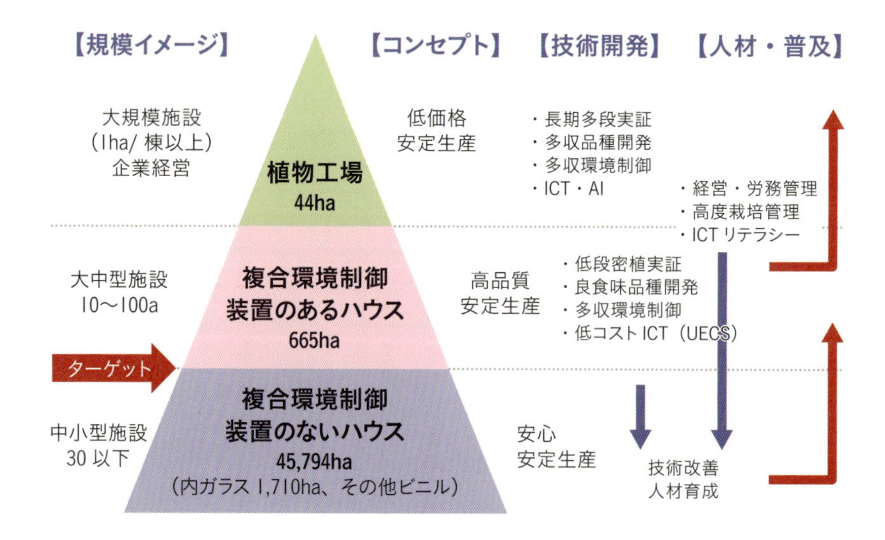

図2 植物工場と施設園芸の構造と活性化ターゲット

CO_2 制御は標準仕様である。しかし、このようなハイスペックハウスは、現状では施設生産のごく一部を占めるに過ぎない（図2）。今後は、人材育成も合わせて、これらの成果を中小規模のハウスにも横展開し、日本施設園芸の生産性の底上げを図る必要がある。

このような取り組みは、ICTを活用した日本らしいネットワーキングにより、大規模ハウスに勝るとも劣らない性能を発揮する可能性を秘めている。いうなればコネクテッド施設園芸が日本の進むべき道である。

3. 植物工場におけるICTの取り組みと中小施設への展開

日本の最先端施設園芸で実用化されているICT技術はどのようなものか概観しておく。そしてそれが、UECSシステムにより比較的安価に導入可能となったことを紹介したい。最後に、具体的にどのように中小規模に展開するのか、着手点として「潅水同時施肥（養液土耕）」の事例を紹介したい。

(1) 太陽光型植物工場における環境制御の現状とUECSの導入

太陽光型植物工場では、各種センサーの情報を基に環境制御される。測定情報は、気温、湿度、CO_2 濃度、日射量、風向、風速、降雨、培養液の電気伝導度(EC)やpHなど多種多様である(図3)。これら環境測定値を制御する機器も同様に、換気窓開閉機、換気扇、暖房機、循環扇、ヒートポンプ、CO_2 施用機、潅水装置、施肥装置などバラエティーに富んでいる。理想的な植物工場では、これらのセンサーによるリアルタイム測定情報に基づき制御機器の動作を実施することで、作物の生産性の最大化が行われる。しかし、このような高度な環境制御システムを導入して経営的に成り立たせるには、導入コストのこともあり、最低でも数ha規模の大規模経営とならざるを得ない。実際、日本で建設された高度な植物工場の多くは、オランダをはじめとして、大規模施設での運用実績が豊

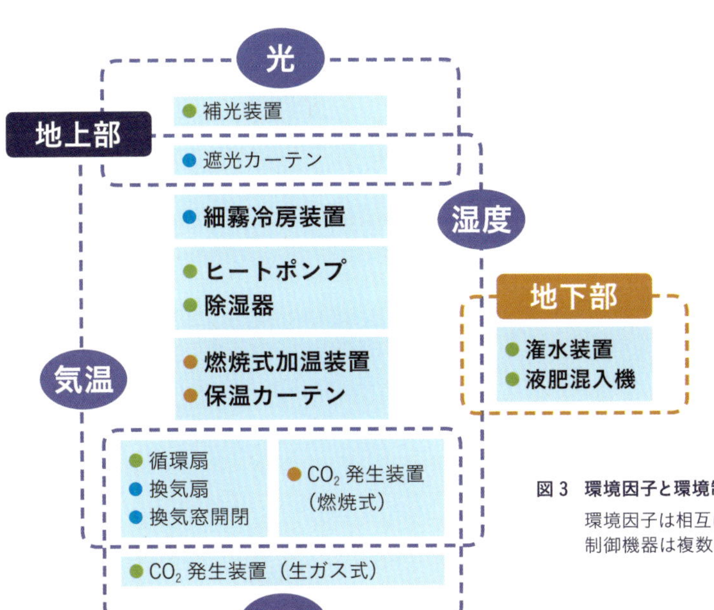

図3 環境因子と環境制御機器の関係
環境因子は相互に関係し、制御機器は複数の因子に影響を与える。

富な海外製のシステムを導入している。

大規模経営であれば、ある程度コンピュータシステムにコストをかけることも可能であり、メーカー自身が開発した高度な制御やサービス（コンサルタント）の利用も可能となる。一方で中小規模のパイプハウスでは、このようなシステムを導入することは最近まで困難であった。これが、日本の園芸施設でセンサーを利用したリアルタイムなモニタリングが進展しない一因であった。

述べたように、管理にはまず情報収集が必須である。低コストで簡単に情報収集をするには、情報を汎用的なフォーマットに成形する必要がある。既存のインフラを利用するのである。現在のICTによる情報通信の中心となっているローカルエリアネットワーク（LAN）も、多くのプロトコルを利用して成り立っているが、より機械寄りのプロトコルの上に上位のプロトコルが積み重なるように構築され、情報通信のためのフォーマットを共有する仕組みとなっている。つまり、情報通信のハードウェア側からソフトウェア側までフォーマットが定まっているため、ユーザー側はメーカーの違いを意識せずにイーサネット関連のハードウェア（コンピュータ、ハブ等）を購入し、例えばブラウザといったソフトを利用して情報収集を行うことが可能となる。これがもし、メーカーごとに異なった情報通信の方法が提供されていたら、これほど安価に情報収集用のハードとソフトを入手することはできない。

(2) UECSによりICT農業を持続的に進める

本書で紹介するUECSシステムは、まずもってデータ収集のための1つの重要なツールである。施設園芸生産での情報の統一したフォーマットでの取り扱いを推進することは、日本の施設園芸には不可欠である。今後、普及型のシステム開発がさらに進み、様々な状況におけるデータを収集し解析を進めることが、植物工場を中心とした施設園芸の発展にとって重要である。

現在、環境制御について、おおよその目安は得られているが“多収環境制御”と銘打つだけの制御法は未だ開発されていない。UECSの普及により種々の多収環境事例が集積されれば、「機械学習」（データを基にして自動的にルールを決定する）などの技術を活用して、標準的なモデルが確立していくであろう。

述べてきたようにUECSは、一部で広まりつつある反面、現場のニーズに対応しきれていない。しかし、今、UECSがなくなると、これの代替となるようなシステムは存在しない。UECSの取り組みがなくなれば、大規模施設は海外のシステムを導入し、中小規模の施設は単一企業の一品ものの製品を導入することになるであろう。これでは、1980年代に導入されたハウス用コンピュータの二の舞になる可能性もあり、再び技術の停滞期を迎えることになる。このような状況を回避し、農業のICT化を進めるには、UECSのような①安価で、②オープンにされ、③誰もが開発に参加できるシステムの普及を加速すべきであろう。

(3) 中小規模でのUECS対応

農林水産省が実施した「食料生産地域再生のための先端技術展開事業（先端プロ）」で宮城県に建設した施設では、ha規模でのハウスでUECS技術の導入実証が行われた。一方、岩手先端プロでは「中山間地域における施設園芸技術の実証研究」が実施され、中小規模施設の生産性と効率性向上を可能にする環境制御技術が構築されUECSが活用されている。主にトマトの加温半促成長期どり作型を対象に、低コスト環境計測装置を開発し、これにより得られる日射量、温湿度管理、CO_2 施用などの環境データと生長解析によって、中小規模施設における収量最大化が試みられた。詳細は後章にゆずる。

(4) 潅水同時施肥をUECS制御で

最後に、具体的にどう中小規模に展開するのか、着手点として潅水同時施肥（養液土耕）の事例を紹介する。園芸には「水やり 3 年」という言葉があるように、水やりを会得するだけでも難しい。ハウス農業の UECS 化について、水やりを例にとっかかりのイメージをつかんでいただきたい。

養液土耕は水と肥料の量管理技術である。つまり、最終的に土壌に不必要な養水分が残留しないように、また、不足のないように管理する技術である。養液土耕の考え方は、研究も進展し農業現場へも定着しつつある。応用事例も多く報告されるようになったが、今後さらに技術導入を進めるには、装置の規格化と低コスト化が必要である。その 1 つの解が UECS を起点とした養水分管理の ICT 化である。基本的には、潅水電磁弁と液肥混入ポンプを、例えば土壌水分センサーによる水分値で制御できる。筆者らは、（株）ワビット社

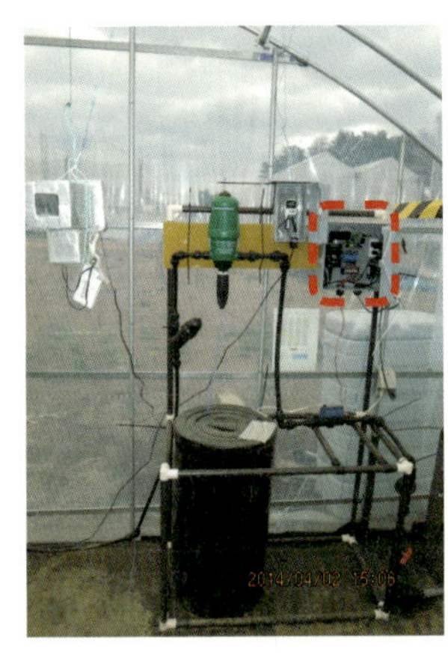

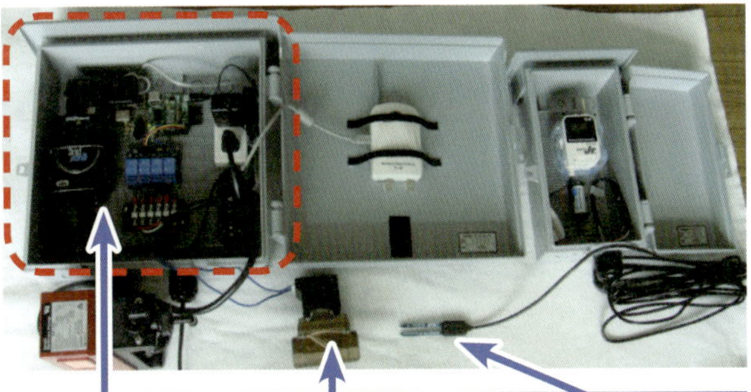

図 4　UECS 養液土耕装置（下、右上）と、それを用いたトマト栽培（左上）

と共同でこのような装置を開発し（図4）、効率的な潅水・施肥技術を実証した（図5）。

このシステムは、最近、養液土耕システムで評価の高いゼロアグリ（株式会社ルートレック・ネットワークス）と考え方を一にするものであり、普及に期待する。

(5) 具体的な要望に応えて技術を仕上げる

ICT技術は、このように現場の実際の問題へと落とし込んで仕上げていくと良い。つまり、研究と実証の対話が求められる。当然、潅水施肥という技術だけでは、飛躍的な生産性の向上は達成できないが、情報交換を活発にする意味でもまずはICTを取り入れると良い。近年、イノベーション議論が騒がしいが、その要点は“新結合”である。まずは、施設生産など先端的な農業生産現場をプラットフォームとして、潅水施肥技術の実践で新結合が生まれることに期待したい。

図5 土壌水分センサーを用いた潅水同時施肥制御の様子

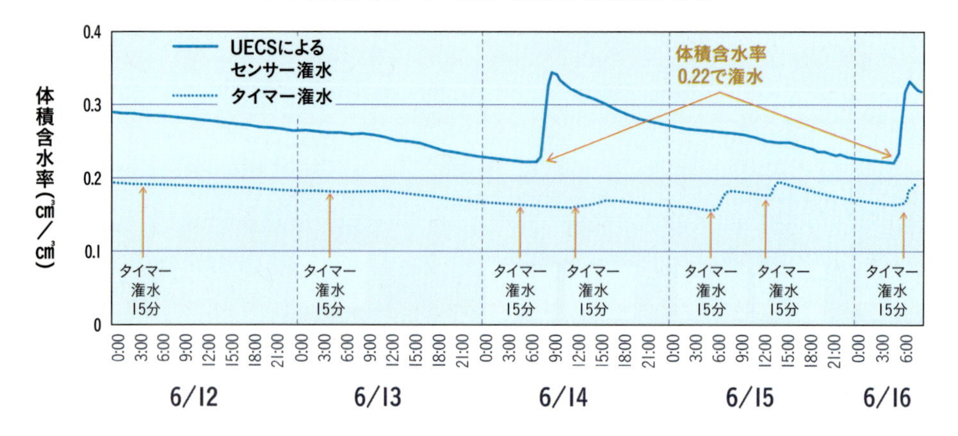

2章

UECSの環境制御の組み立てと設定

施設栽培における環境制御とUECSキット

農研機構 安 東赫

はじめに

施設栽培では土地、資本、労働の生産性を最大化する、すなわち、生産要素の投入量に対していかに生産量を上げるかが重要になる。そのためには作物にとって好適な環境を整え、収量あるいは品質を上げるか、生産にかかるエネルギーや作業などの省力化を図り、コストを削減するための工夫が必要となる。そこで最も必要とされることが環境制御である。前章でも施設園芸における環境制御の現状について紹介したとおり、日本では大規模施設は少なく中小規模の従来型施設がほとんどである。そのなかには、長年の経験と勘を信じ、ハウス内の環境を把握していない生産者も多く、施設内の環境や生育データを基に制御を行う生産者はごくわずかである。特に、現状の生産者は環境モニタリングや制御のための投資に消極的である。このような現状を打破し、中小規模施設での生産技術の底上げを実現する方法として、低コストで環境制御システムを構築・実践することによる生産管理の効率化を経験する必要がある。UECSは、このようにハウスの環境制御構築における低コスト化や、新たな制御を手軽に導入できるメリットを有する有効な技術であると考えている。

ここでは、施設栽培における環境制御の考え方をごく簡単に確認するとともに、中小規模ハウスでも簡単に使え、自作も可能なUECSキットを用いた環境制御について実例を紹介したい。

1. 施設栽培における環境制御

植物における物質生産の基本は光合成である（図1）。光合成を簡単に表現すると、CO_2と水を材料に、光エネルギーを利用して糖（同化産物）を作る反応である。したがって、CO_2や水、光は欠かせない燃料であり、重要な制御要因となる。光合成を促進させると、同化産物の生成量が増え、結果的に収量増加につながることとなる。光合成に影響を及ぼす主な環境要因を中心に環境制御を考えてみよう。

(1) 光

光は、光合成や物質生産において最も重要な要因である。生産性の向上のためには植物による受光量の確保が必須であり、ハウスの透過率や群落の受光体制の改善によって生産性の向上が期待できる。しかし、過剰な光はハウスの温度上昇や作物の呼吸

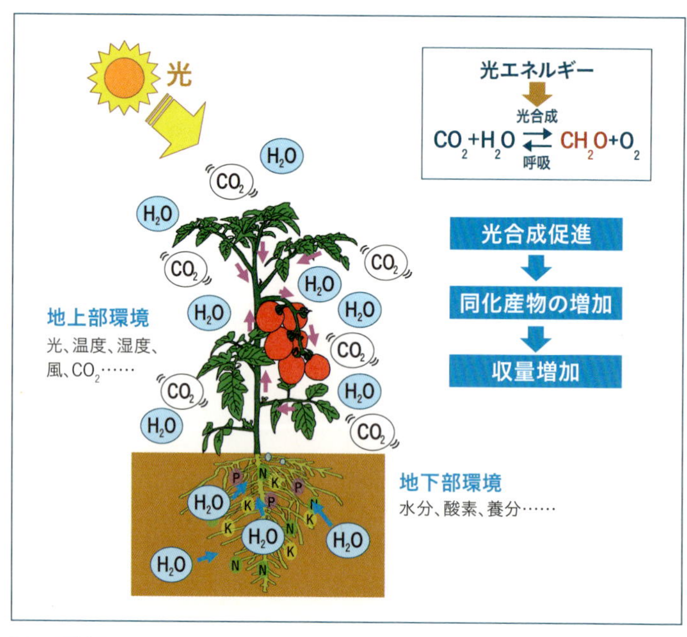

図1 環境要因と光合成

を助長させ、生育抑制や高温障害につながる可能性があるため、高温期にはミスト（細霧）や遮光などの制御と併用する必要がある。さらに、光は花芽分化や伸長量など形態形成にも影響が大きい環境要因でもある。

(2) 温度

古くから最も重要視されてきた環境要因である。生産性を保つための最低気温の維持が主な目的だったが、近年は、光合成を促進するとともに、同化産物の転流を促す変温管理を実施する事例が増えている。また、病害の原因となる結露を防ぐため、ハウス内の急激な温度上昇を避けるような制御も行っている。気温を高く制御すると、作物の葉の展開速度や葉面積が増加し、光合成産物生産が複利的に増加する。また、一般的に果実の収穫時期は着果からの積算温度で決まるといわれる。さらに、作物の温度に対する反応は思うより遅い。すなわち、気温の瞬間値より平均気温の影響が大きいとされており、昼間の気温の高い時期には、昼温を下げるためにコストをかけるよりは、夜間気温を低くすることで低コストで効率的な温度制御が可能である。その他にも、作物の生長点や根域など、温度反応が敏感な部位だけを加温することで、ハウス全体を加温するより収量の低下なく消費エネルギーを削減できる、局所加温制御という考え方もある。

(3) 湿度

飽差は作物の蒸散や気孔開度に影響が大きいため、適切な湿度管理は生産性の向上に有効とされている。室内の過剰な乾燥は、生産性低下の原因となる。また、多湿環境では病気発生可能性が高まるため、暖房機による早朝加温やヒートポンプによる除湿運転の事例も増えている。

(4) CO_2濃度

CO_2 は光合成の燃料となるため、生産性を向上させるためには、ハウス内濃度を高める必要があるが、気温が高く、換気が多い時期には、CO_2 濃度を高く維持することは難しい。このような時期には、換気窓の動作と連動し、外気と同様な濃度を維持する制御が必要である。特に、CO_2 濃度を高めることによる増収量に比べて、CO_2 濃度の低下による減収量のほうがきわめて大きい。ハウスが閉まる機会が増える時期には、室内の CO_2 濃度が外気に比べて著しく減少する場合が多いため、CO_2 施用効果が大きい。日射がない時には CO_2 施用は不要で、光強度によって CO_2 の要求量が変化するため、日射比例濃度制御が有効である。

(5) 風

葉周辺の風速は光合成速度に影響を及ぼす。また、群落内に風が通りにくいと病気発生の原因にもなるため、循環扇などでハウス内の空気が滞留しないように管理する。

(6) 地下部の養水分

作物の生産性を向上させるには光合成が重要であると前述したが、それは地下部の養水分状態によって大きく変動する。トマトのように、糖度などの品質を高めるため、根域を低水分、高 EC 状況に制御する作物もあるが、一般的に収量増加を目的とする場合は、作物がストレス状態にならないような養水分管理が求められる。

これらの環境要因は、複雑に関与しあっているため、複合的な制御が必要になる。また、果菜類のように栄養生長と生殖生長が同時に行われる作物の場合は、バランスを保つ制御が必要である。さらに、費用対効果も忘れてはいけないため、管理目標に合った適切な環境制御が求められる。

2. 環境計測・制御用UECSキット

既存の環境制御システムは、開発元が開発した専用基板を利用するしかなかったため、高価でありながら、他システムとの互換性やシステムの拡張性に欠けていた。近年、安価なマイコンの利用が急速に増加しており、ここでは、Raspberry Pi（ラズベリー パイ）というミニコンを活用しUECS規格を採用した環境制御キットについて紹介する。

(1) Raspberry Pi（ラズベリー パイ）

Raspberry Piはイギリスで教育用として開発されたシングルボードコンピュータである（図2）。近年、バージョンがアップグレードされているが、名刺くらいのサイズで、ネットワーク接続が可能な4,000～5,000円程度のマイコンである。記憶装置として内蔵ハードディスク代わりにmicroSDカードを使用している。拡張コネクタ（40ピン）には電源や入出力用のピンが設けられ、ここにセンサやリレーを結線し、環境計測・制御システムを構築する。

(2) UECSキット

図3にUECSキットのイメージを示した。Raspberry Piの拡張コネクタには各種センサー類やリレーユニットを接続して、ソフトウェア（29ページ※参照）を書き込んだmicroSDカードによって稼動させる。制御機器の数や種類など設置方法によって異なるが、ここでは、環境計測ノードと制御ノードに分けて製作し、LANにつないで使用する。計測ノードはRaspberry Piの拡張コネクタに各種セン

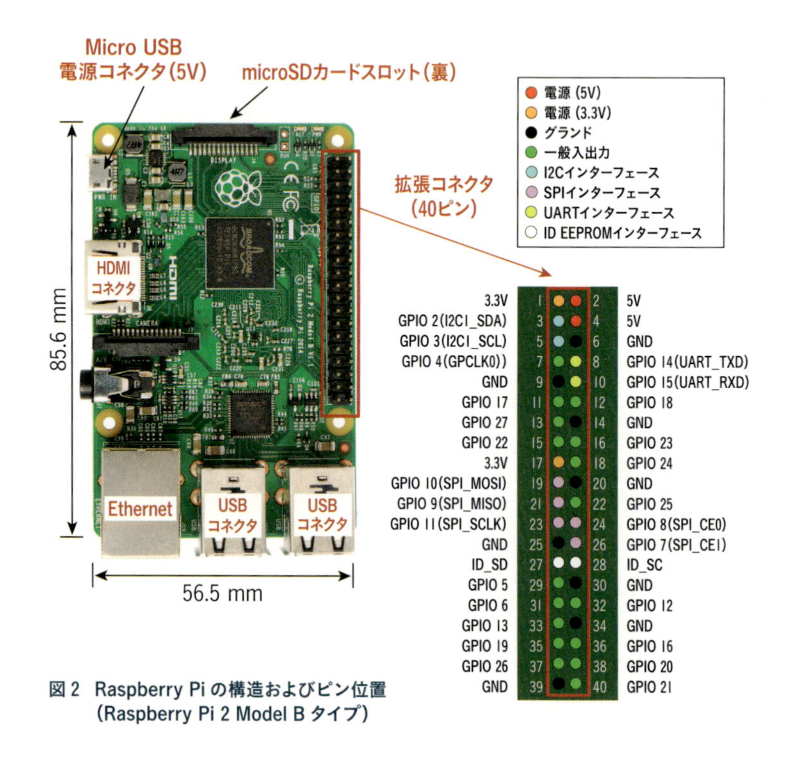

図2 Raspberry Piの構造およびピン位置
(Raspberry Pi 2 Model Bタイプ)

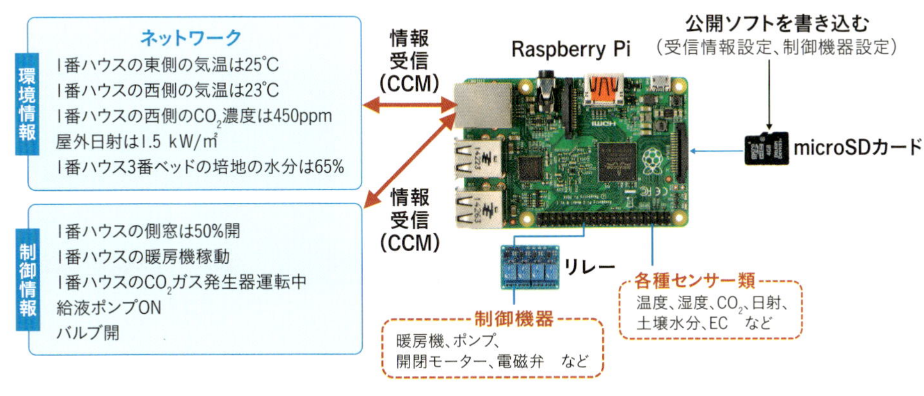

図 3　UECS キットのイメージ

サー類を接続し、環境データを計測する。計測したデータはネットワーク上に送信される。一方、制御ノードは Raspberry Pi の拡張コネクタにリレーを接続し、無電圧接点を設けて制御を行う。制御ノードはネットワーク上に発信された計測データを受信しながら、リレーを制御する。必要に応じて、拡張コネクタにセンサーとリレーを一緒に接続し、計測ノードと制御ノードを一体化して使用することも可能である。本システムは UECS 通信規格を使用し、センサーから得られた環境情報や制御機器の動作情報を CCM (Common Correspondence Message：UECS 共用通信子) 信号としてネットワーク上に発信する。このように、ネット上の計測情報や制御情報を共有しながら、モニタリングや環境制御を行うため、複数の環境要因や制御機器の状態を参照しながら複雑な制御が可能となる。

3. UECSキットによる制御 (実証)

農研機構つくば研究拠点の敷地に建設したパイプハウスにおいて、本システムを用いて環境制御を行っている (図 5)。環境計測ノードはハウスの中央に設置し、温湿度、CO_2 濃度、日射を計測し、ネットワーク上に発信するようにしている (図 6 上)。制御ノード (図 6 下) のリレーには様々な機器 (側窓の自動開閉装置、温風暖房機、ミスト、強制換気ファン、CO_2 施用バルブ、カーテン、循環扇、給液装置など) を接続し、制御を行っている。

図 4　環境計測・制御に用いたソフトウェアの接続画面 (UECS-Pi、ワビット製)

■ **暖房機の制御**　主に側窓の開閉と連動しながら昼夜温の温度管理を行っている。本システムでは複数段階の異なる設定が可能であるため、時間帯ごとに異なる温度制御を行っている。図 7 上に暖房機と側窓の制御による気温の推移を示したが、おおむね設定温度どおりの制御ができている。その他、早朝の湿度を参照し、除湿運転も可能である。

施設栽培における環境制御とUECSキット

図 5 UECS 制御ハウスの風景および制御機器

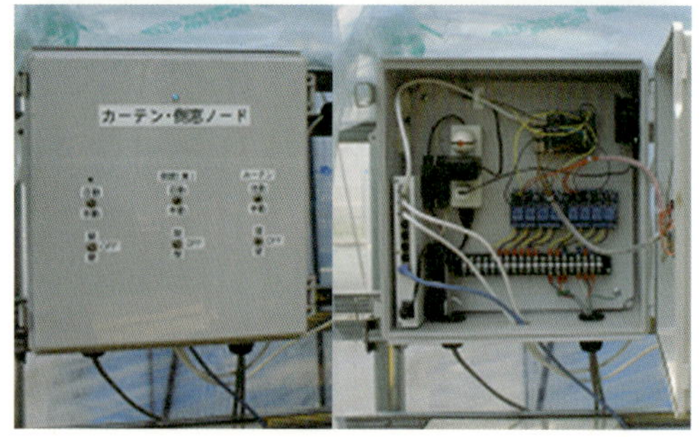

図 6 計測ノード(上) と制御ノード(下)

■ ミスト（細霧）& ファン　実証ハウスには強制換気用ファンとミスト設備を併用し、高温期のハウス内の過熱を防止している。まず、気温が上昇すると側窓を段階的に開け、さらに温度が上がるとファンを稼動させ、強制換気を行う。それでも気温が上がる時にはミストを稼動させ、細霧冷房を行い、室内気温を大幅に下げることができている（図 7 左下）。ミスト設備は飽差値を参照しながら独自で加湿制御も行っている。

■ CO_2　二酸化炭素ガスを用いて濃度制御を行っているが、側窓の開閉状況を参照しながら、少しでも開いている時には、外気と同様な濃度とし、閉まっている時には 600ppm を維持するように制御を行っている（図 7 右下）。

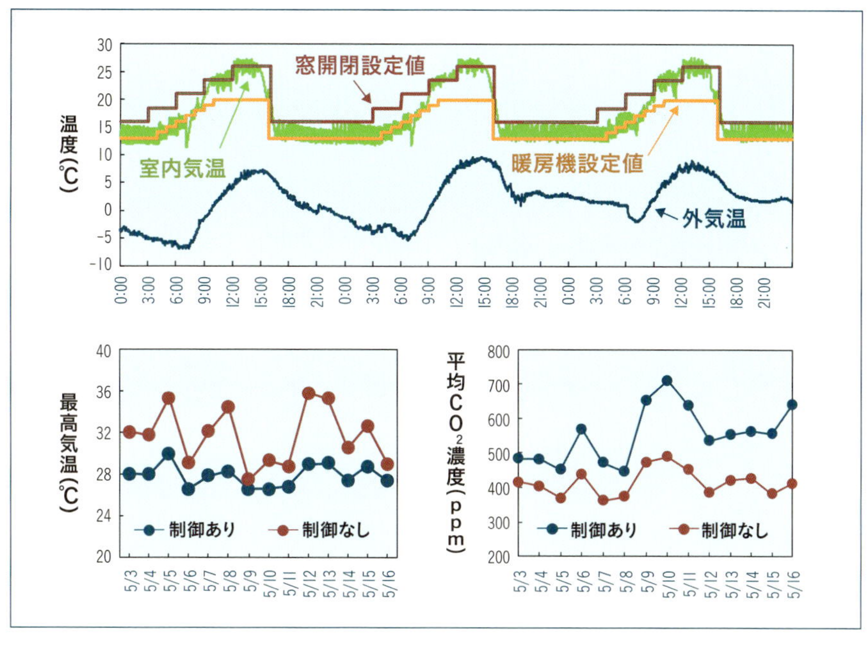

図 7　UECS 制御による環境要因の推移

その他にも、日射と連動した潅水制御や過日射時の遮光カーテン制御、暖房機稼動時の保温カーテン制御も行っている。

4. 最後に

UECS は環境制御用通信規格である。公開された共通規格を使うことで、新しいシステムやアプリの開発が著しく進む。近年、作物の生体情報を非破壊的に計測する技術が進歩しており、UECS の拡張能力の簡便さを利用すれば、その効果は計り知れない。

まずは、施設内の環境モニタリングの開始が優先されるが、それに加え、平均気温や積算日射、生育状況を把握することが、施設栽培の大きな前進につながると確信している。

これから、環境計測ノードや制御ノードの製作マニュアルとともに、設定方法、実際の活用事例など、システムの構築から使用までの詳細について解説する。本書を通じて読者の UECS に対する理解が進み、また環境制御が身近なものになることを期待する。最終的には、施設生産現場での技術の底上げに役立つことを望んでいる。

※ ソフトウェア（UECS-Pi Basic, 図 4）

（株）ワビットでは Raspberry Pi で使用可能な汎用の環境制御ソフトウェアを無償で公開した。このソフトウェアを microSD カードに書き込んで Raspberry Pi を稼働させれば、環境計測・制御システムとして機能を果たす。ハウスの環境制御に必要な機能がほとんど盛り込まれているため、プログラムの専門知識がなくても、必要な設定を行うだけで、システムが構築できる。システムに問題が発生した際、バックアップ microSD カードを差し替えるだけで、システムの修復が簡単にできることもメリットである。さらに、設定値のアップロードやダウンロード機能があり、時期別・作物別のような、自分だけのテンプレートを作成しておくこともできる。図 4 にはパソコンから環境制御ノードにアクセスした接続画面を示した。

ダウンロードサイト

https://arsprout.net/archive/firmware/#firm-uecs-pi-basic

環境計測ノードの作り方

栗原 弘樹

はじめに

ユビキタス環境制御システム（UECS）では、センサー類や制御機器を統括する中央コンピューターはない。各々を自律分散で制御し、それらをネットワークでつなぐことで情報を共有することができる。そのため、環境計測ノード・制御ノード（暖房ノード・天窓ノードなど）といった複数のノードから構成することができ、設備に合わせてこれらを増減できる。ここでは、UECS キットのなかで、Raspberry Pi をマイコンとした温度、湿度、CO_2 濃度、日射を計測できる環境計測ノードの制作方法を紹介する。

作業の流れとしては、①パーツの設置、②Raspberry Pi の電源・信号入出力ピンの拡張用バニラ基板製作、③配線およびセンサー接続の工程となる（詳しいつくり方は 35 ～ 43 ページを参照）。

1. パーツの設置

まず、パネルつきのボックスを用意し、図 1 および図 2 のように、Raspberry Pi やパワーサプライ、ケーブルグランド（2 種類）、主電源スイッチを固定する。

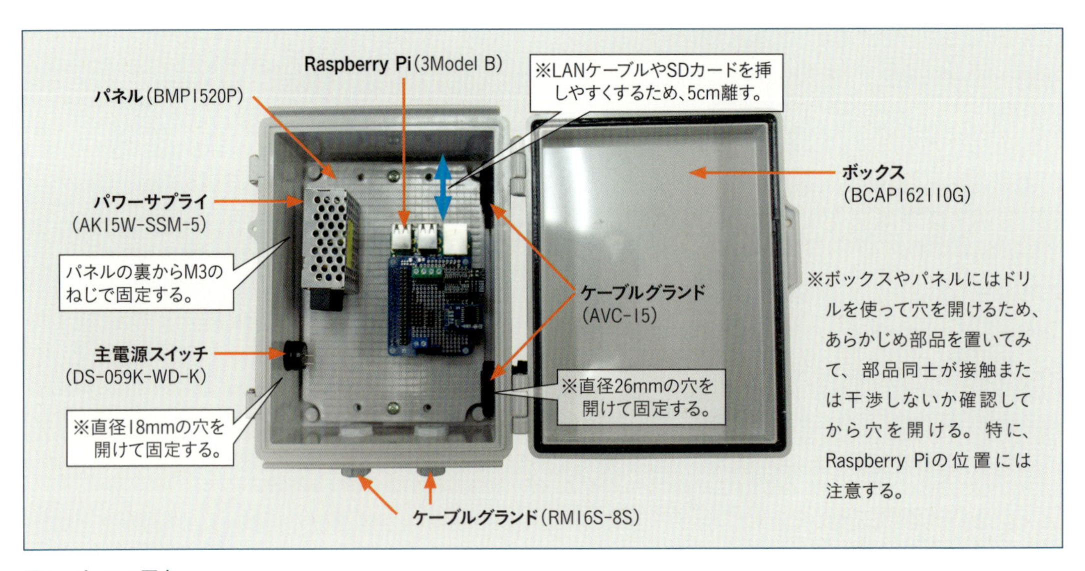

図 1　パーツの固定

図 2　Raspberry Pin の固定

2. バニラ基板の製作

(1) バニラ基板へのピンヘッダおよびターミナルブロック配置

Raspberry Piには電源や信号入出力の役割をするピンが40本あるが、このまま使うと、電源ピンの数が足りないため、バニラ基板を用い、ピンヘッダなどをはんだ付けすることでピンの数を拡張させる。用いるピンヘッダは40本一組のため必要数をニッパーで切り分ける。図3左のようにバニラ基板にメスピンヘッダとオスピンヘッダ、ターミナルブロックを配置する。

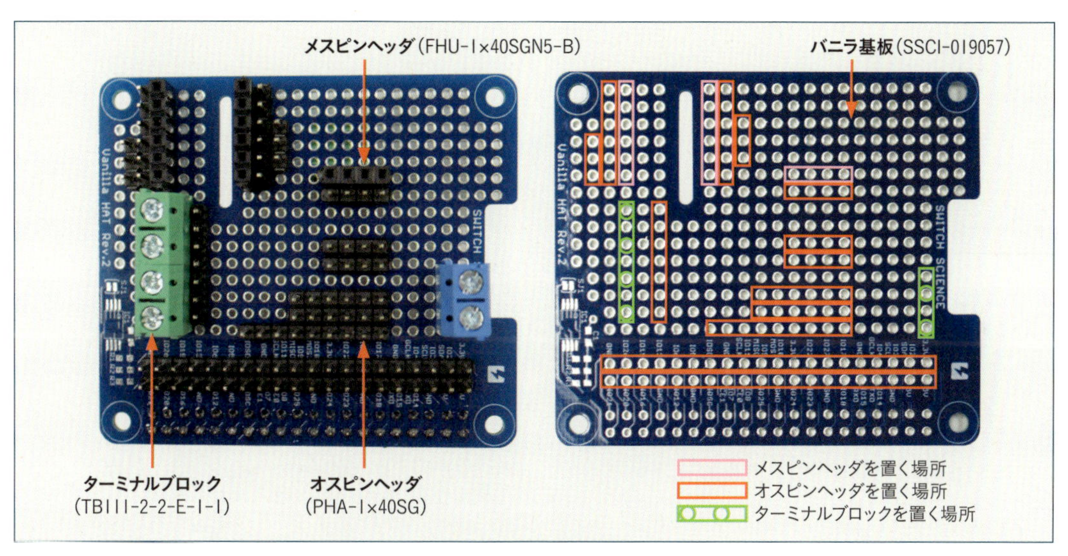

図3　バニラ基板へのメスピンヘッダとオスピンヘッダ、ターミナルブロックの配置（左：配置後写真、右：ピンヘッダとターミナルブロックを置く場所）

(2) はんだ作業

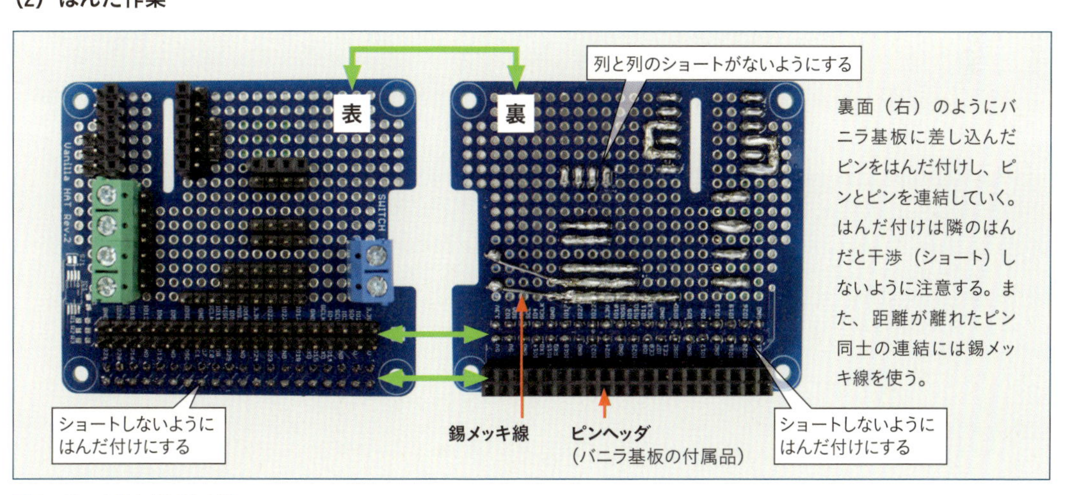

図4　ピンのはんだ付け方法

3. 配線作業

(1) バニラ基板上の配線

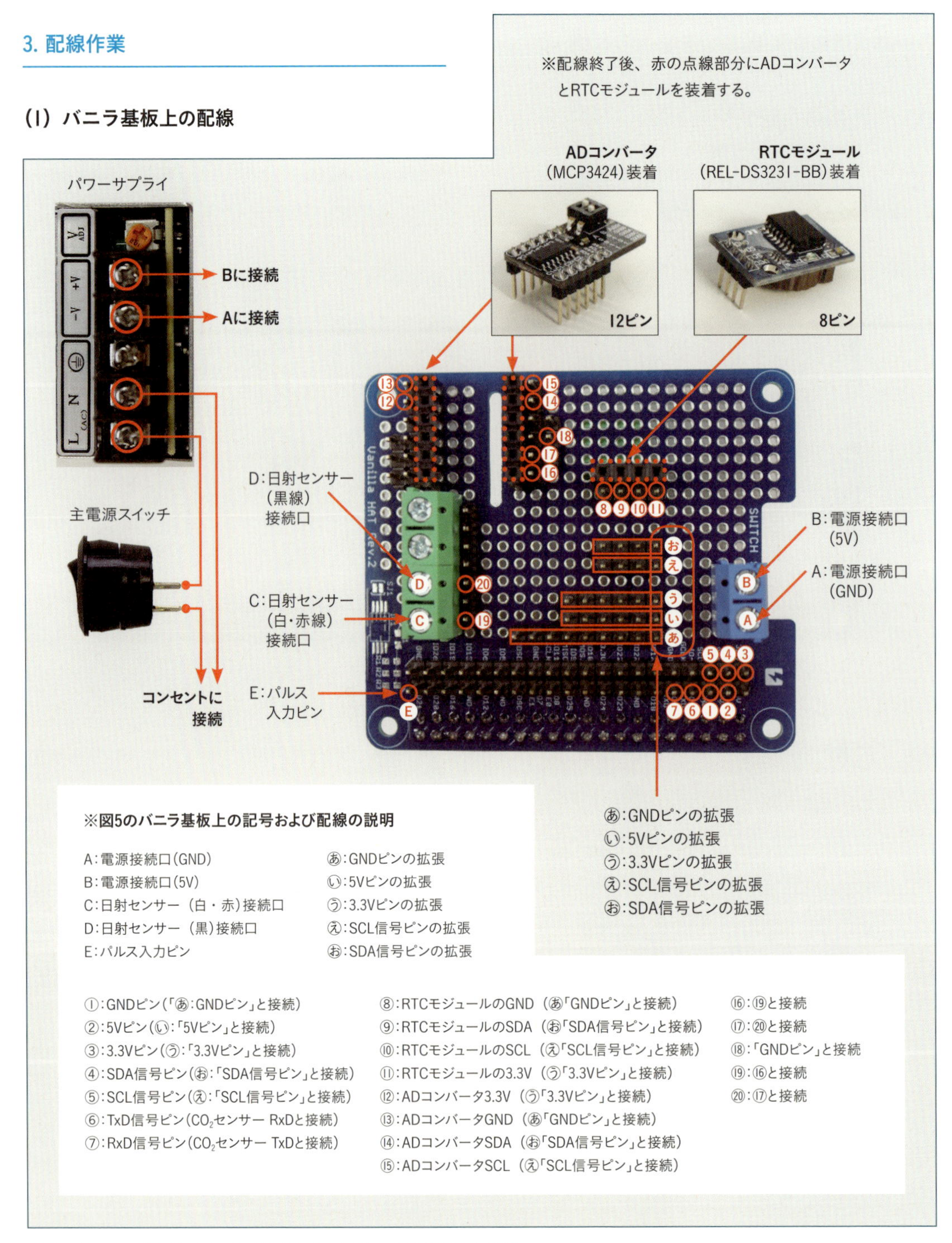

図5 パワーサプライとスイッチの配線方法およびバニラ基板のピン記号

バニラ基板上の記号説明番号を参照しながら図6の手順で配線を行う。

バニラ基板上の配線にはジャンプワイヤを使用するが、配線距離に合った長さのジャンプワイヤを選び使用する。図6のIからIIIまで順に接続する。配線終了後はRTCモジュール、ADコンバータをつけたバニラ基板(図6のIV)をRaspberry Piに装着する(図6のV)。

(2) センサーの接続

センサーの配線方法を図7に示した。図7右のとおり、センサーのピンヘッダとバニラ基板の記号を配

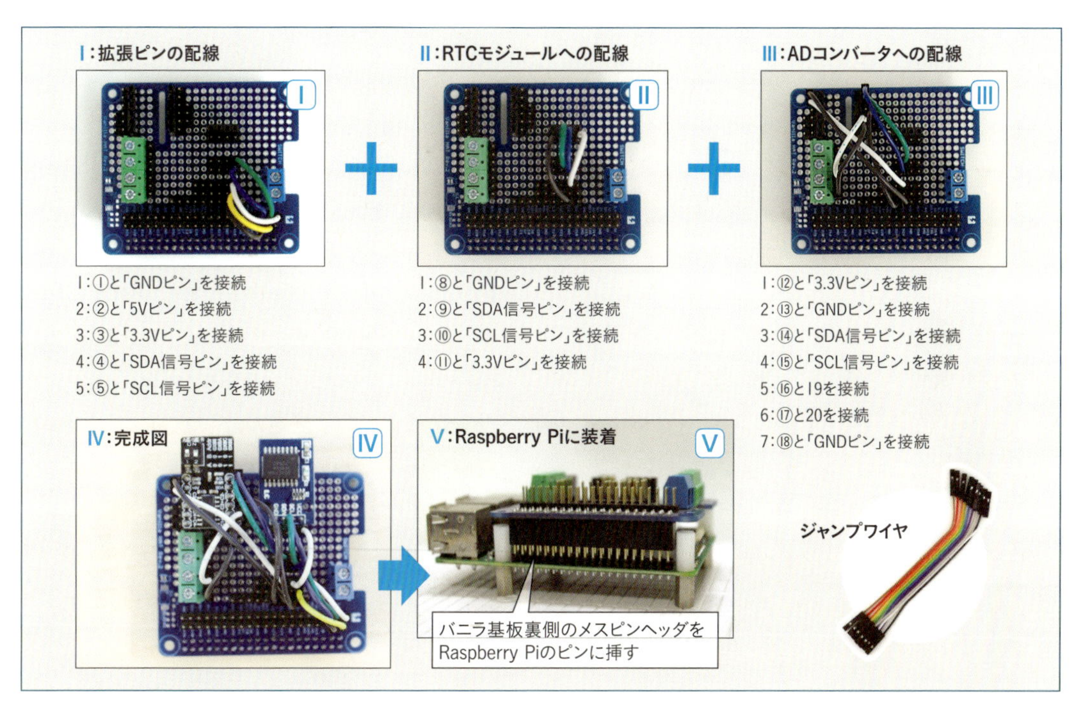

図6　バニラ基板上の配線

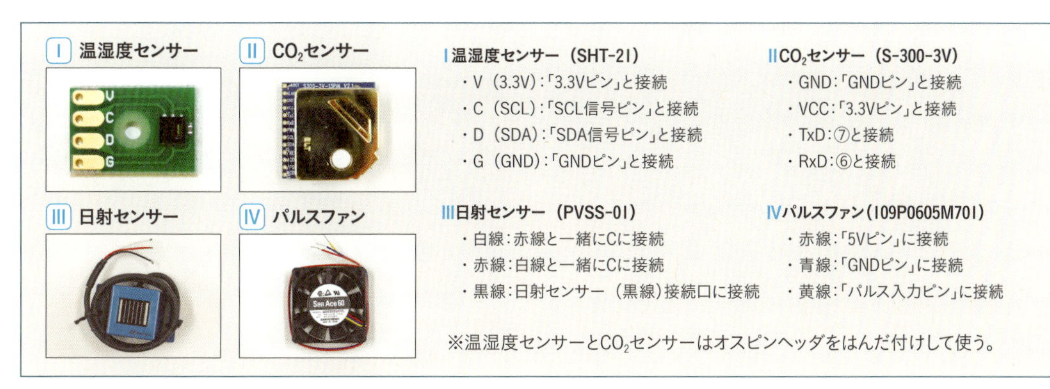

図7　計測ノードに用いるセンサーおよび接続方法

線する。最終的には図８のようにセンサー類を格納していく。

ケーブルグランドに「たてとい」に空けた穴をはめ込み、なかからキャップで固定する。片方の回転エルボにフィルターの代替として不織布を取りつけ、反対側にファンを取りつけることで簡易通風筒ができる。正確な測定や故障を防ぐため、温湿度センサーは通風筒の中に、CO_2 センサーは CO_2 センサー収納ボックスに入れる。

最後に

以上で環境計測ノードは完成だが、実際に測定や通信等を行うためには設定を行う必要がある。ここで説明した計測ノードは、（株）ワビットから公開されている UECS 用ソフトウェア（UECS-Pi Basic）を micro SD カードに書き込み、Raspberry Pi にセットすることで起動する。その際にパソコンで Raspberry Pi にアクセスして設定を行うが、設定方法については設定編で解説する。

ここで用いた部材には汎用性の高いものもたくさんあるため、何を使うかにもよって変わるが、おおむね５〜６万円程度で作成できる。また、センサー類については、様々なものも使えるが、この計測ノードに用いたセンサーを使うと、設定が簡単である（設定編で解説）。また、今回は Raspberry Pi 用のバニラ基板にピンヘッダやはんだによって回路を組んだが、UECS-Pi Basic の公開元である（株）ワビットでは、はんだ作業を簡略化できるセンサーノードキット専用基板を販売している。これを使うことで、はんだ作業が簡単になるとともに、はんだ作業によるミスが軽減され、配線作業もしやすくなる。図９には専用基板を用いて製作した例を示した。

これを機にハウス内の環境のモニタリングを行っていただきたい。実際にハウスのなかがどのような環境であるかを知ることによって、改善できる点が見えてくるはずである。当然、より収量を上げるためには環境制御機器も必要になってくるため、この後紹介される制御ノードについても参考にしてもらいたい。

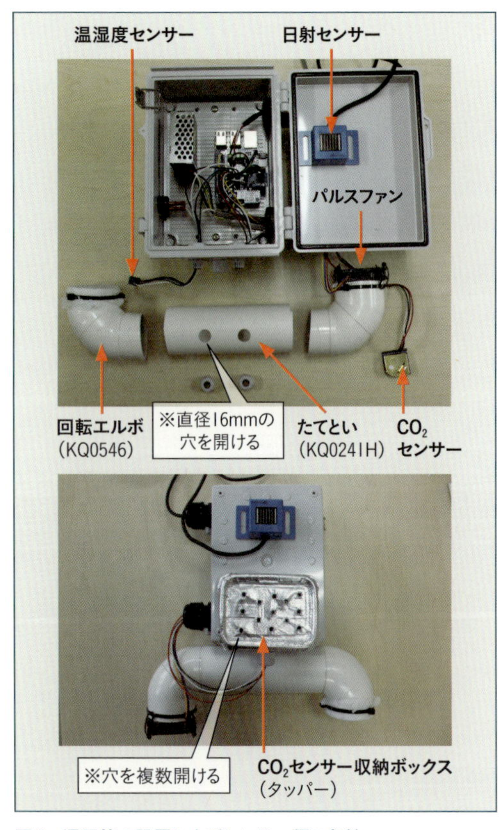

図８　通風筒の設置およびセンサー類の収納

図９　センサーノードキット専用基板

プリント基板でできており、使う部品が少なくシンプルな見た目のため、配線が見やすくなっている。

環境計測ノードの作り方

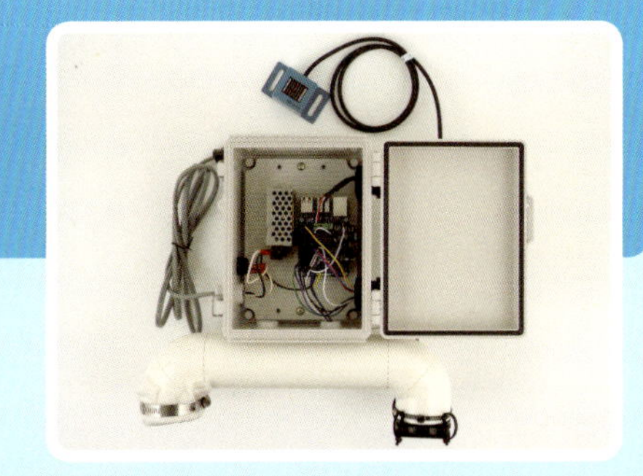

環境計測ノードの作り方を紹介する。

環境計測ノードを作るための部品と数量、問い合わせメーカー一覧

製品名	数量など	用途	メーカー
Raspberry Pi 3 Model B	1	UECS-Pi 制御基板	Raspberry Pi 財団
microSD カード（4GB）	1	Raspberry Pi のメモリー（産業用を推奨）	
RTC モジュール（REL-DS3231-BB）	1	ラズベリーパイ用の時計ユニット	
CR1220 電池	1	RTC モジュール用の電池	
Raspberry Pi Model B+ 用バニラ基板	1	RTC モジュールの取りつけや機能拡張のための基板	スイッチサイエンス
耐熱ビニル電線（単）SHW-S 0.65 2m × 7 色	1	配線用のコード（黒赤橙黄緑青白 各 2m）	サンコー電商有限会社
ピンヘッダ　1×40	3	使用するのは 107 ピン分（必要分を切って使用）	Useconn Electronics Ltd.
分割ロングピンソケット　1×42	1	使用するのは 16 ピン分（必要分を切って使用）	
錫メッキ線（0.6mm　10m）	1	基板上の配線に使用	協和ハーモネット株式会社
CO_2 センサーモジュール（S-300-3V）	1	二酸化炭素センサー	株式会社 ELT SENSOR
温度・湿度センサ・モジュール（SHT-21）	1	1 チップ温度・湿度センサー・モジュール	株式会社ストロベリー・リナックス
PV アレイ日射計（PVSS-01）	1	日射計	株式会社 三弘
BCAP 型防水・防塵開閉式プラボックス（BCAP162110G）	1	16cm × 21cm × 10cm の収納用ケース	株式会社タカチ電機工業
BMP 型プラスチック取付ベース（BMP1520P）	1	基盤等を取りつける板	株式会社タカチ電機工業
ケーブルグランド 27mm φ（AVC-15）	1		日本エイ・ヴィー・シー株式会社
RM 型 M ネジケーブルグランド 16mm φ（RM16S-8S）	3		株式会社タカチ電機工業
フックアイボルト	1	つりさげ部分のアンカー	
プチカラビナ ステンレス	1	つりさげ用の鎖をつなげるための部品	
ステンレスカットチェーン	1	つりさげ用の鎖（長さは必要な分だけ）	
M6 ナット（ステンレス）	1	つりさげアンカー固定用	
M6 スプリングワッシャー（ステンレス）	1	つりさげアンカー固定時のゆるみどめ用	
M6 平ワッシャー（ステンレス）	1	つりさげアンカー固定時のプラボックス保護用	
タッパーウェア　（縦 10 × 横 6cm）	1	CO_2 センサー収納用（CO_2 センサーの入る大きさ）	
アルミガラスクロステープ	1	タッパーウェアの紫外線対策	
LAN ケーブル	1	制御ノードとの通信用（長さは最大 100 m で必要な分だけ）	
DAC ファン 60mm角（San Ace 60 9P）（109P0605M701）	1	温湿度センサー部の通風用ファン	山洋電気株式会社
TRUSCO オールステンレスホースバンド（12.7mm 幅）	1	通風孔用フィルター固定用	BREEZE、他
たてとい 60 ミルクホワイト 1350mm（20cm にカット）	1	通風筒	パナソニック株式会社
90 度回転エルボ ミルクホワイト　60 サイズ	1	通風筒	パナソニック株式会社
RM 型 M ネジケーブルグランド　12 φ（RM12S-7S）	2	通風筒の固定等に使用	株式会社タカチ電気工業
スタイロフォーム製 パイプ用断熱材	1	外径 60mm くらいのものを使用	
結束バンド（細）長さ 150mm のもの	4	ファン固定用	
結束バンド（太）長さ 370mm のもの	1	ファン固定用	
園芸用防虫シート	1	通風筒フィルターとして使用	
電源スイッチ（ミヤマ電器 波動スイッチ　DS-059K-WD-K）	1	電源スイッチ	ミヤマ電器株式会社
15W、ユニット型 AC/DC スイッチング電源（AK15W-SSM-5（DC5V ／ 3A））	1	電源ユニット	株式会社アコン
ベター小型キャップ	1	コンセント	パナソニック株式会社
メタルジョイント M2.6 用 10mm オネジ・メネジ	4	Raspberry Pi 固定用スペーサー	
なべ頭小ネジ（ステンレス）　M3 × 8	2	電源固定用	
なべ頭小ネジ（ステンレス）　M2.6 × 8	4	Raspberry Pi 固定用	
M2.6 ナット	4	Raspberry Pi 固定用	
M3 ナット	2	電源固定用	
スペーサー（ジュラコンスペーサー）M2.6用 10mm　両メネジ（AS-2600）	4	バニラ基板固定用	
樹脂ネジ M2.6 × 8	4	バニラ基板固定用（Raspberry Pi の付属品）	
ビニルキャブタイヤ長円形コード 0.75mm2 × 2 芯	30cm 以上	電源コードや内部配線に使用。外部の配線に必要な長さ +30cm（内部配線用）が必要	
[QI] 信号伝達コネクタ（2.54mm ピッチ）1 × 1	46	ジャンパーピン製作用の部品（外側）	
[QI コネクタ] 信号伝達コネクタ用ピン メス	46	ジャンパーピン製作用の部品（電線をつなぐ接点部分）	
絶縁被覆付圧着端子（Y 形）先開形（TMEV 1.25Y-3-RED）	4	電源ケーブル末端処理用	株式会社ニチフ端子工業
差込形接続端子 FA 形	2	スイッチ接続用	株式会社ニチフ端子工業

※材料は一例で代替品でも可。端子やピンヘッダなどは失敗した時のため、余分に用意しておく。

準備しておく道具： ドライバードリル（インパクトドリル・普通の電気ドリルでも可）、ドリル刃（3mm、2.6mm、6mm）、ホールソー（16mm、21mm、27mm ※ホールソーが入手困難ならばステッピングドリルでも可）、プラスドライバー（NO.1、NO.2）、マイナスドライバー（2.5mm、4mm）、はんだゴテ（20 ～ 30W）、はんだ、こて台、はんだ吸い取り線、ラジオペンチ、ニッパー、カッターナイフ、ワイヤストリッパー、圧着工具（絶縁圧着端子用とオープンバレル型コンタクト用）、モンキーレンチ（100mm ～アイボルトの M6 ナットが締められるもの）、油性ペン

1

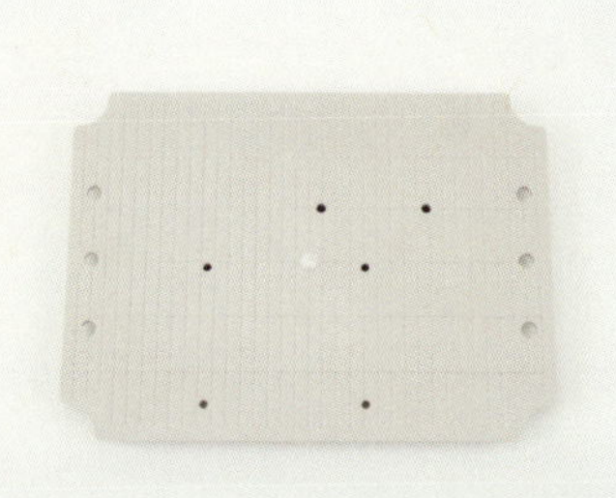

ボックス（BCAP162110G）を用意し、パネル（BMP1520P）に穴を開ける。

2

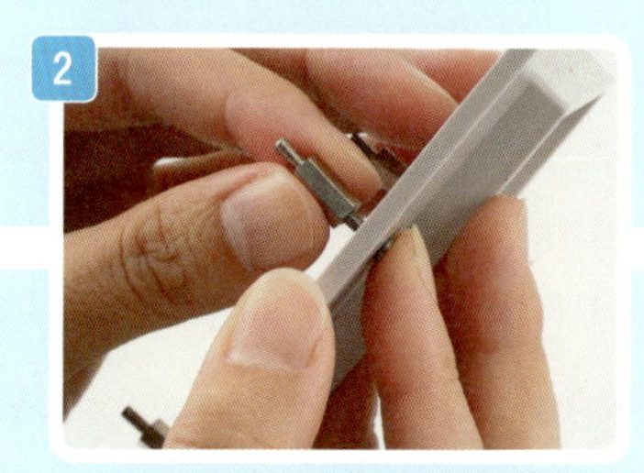

4つの穴にM26スペーサーを立てる。パネルの裏からネジを通して、スペーサーを表に立てる。手で回して、最後はドライバーで固定する。4つとも同様に作業する。

3

Raspberry Piをスペーサーに差し込む。USB、LANポートが上にくるようにする。

4

その上からRaspberry Piの付属品のスペーサーを取りつける。これは、あとでバニラ基板を取りつけるもの。

5

パワーサプライを取りつける。穴の位置を確認して、ネジでとめる。

6

バニラ基板にピンヘッダを立てる。表裏があるので注意する。「VanillaHAT」と書かれている面が表となる。バニラ基板付属のピンヘッダ（40ピン）を裏から差し込む。

7

バニラ基板付属のピンヘッダ（40ピン）を端にはんだで固定する。

8

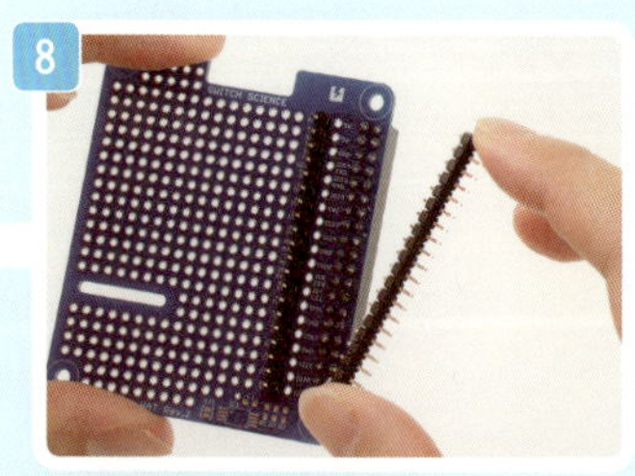

プリント基板を通じてRaspberry Piとつなげるため、ピンヘッダ20ピンを2本表から差し込み、裏側をはんだで固定する。

9

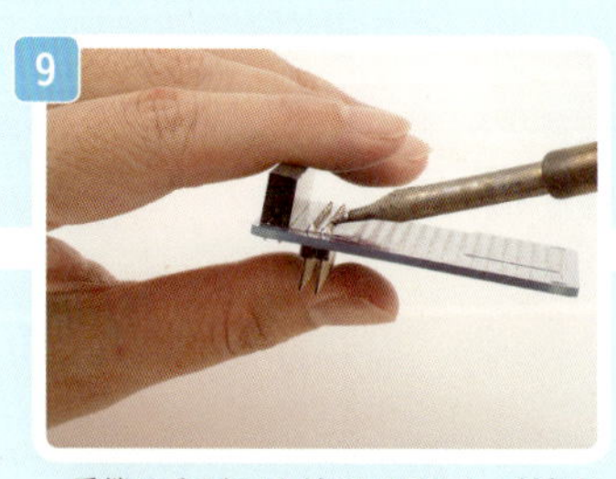

一番端のピンをはんだでとめてから、基板の横から見てまっすぐになるように角度を確認しつつ、はんだを溶かしながら調整する。

10

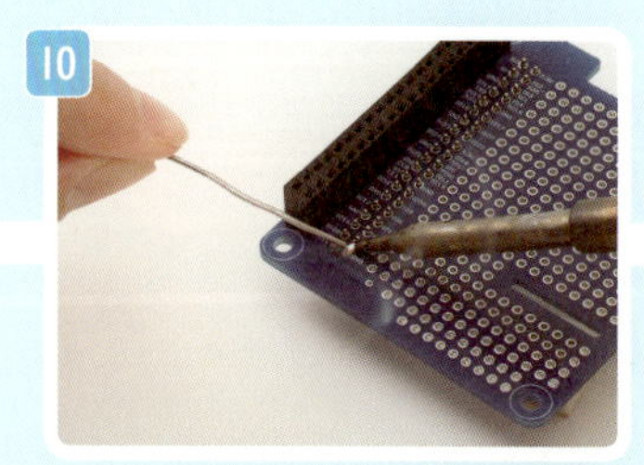

同様に逆側も固定したら、20ピン・2本をすべてはんだで固定する。これで、Raspberry Piからの信号が伝わるようになる。

11

電源用にピンの数を増やす。32 ページの図 5 を参考に、㋐にオスピンヘッダ 9 本、㋐の隣の㋑に 6 本ピン、㋑の隣の㋒に 6 本を裏側からはんだ付けしていく。端のピンにはんだをつけて角度を調整してから、真中のピンもはんだ付けする。

POINT!

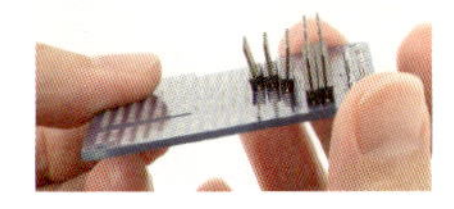

角度を確認せずにはんだ付けをすると、このように斜めになってしまうので注意する。

12

ターミナルブロックをつける。緑は日射センサー、青はパワーサプライから 5V の電圧をつなげる。

13

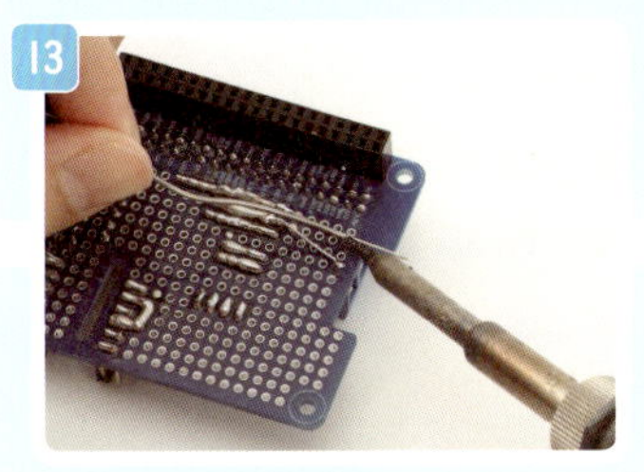

各ピンを錫メッキ線で連結。

14

AD コンバータが入るピン3本をコの字型につなぐ。反対側も 31 ページ図 4 を参考にしてつなぐ。

15

コードと QI コネクタでジャンパー線を自作する。まず、ワイヤストリッパーでケーブル両端のビニルを 5mm 程はがす。

16

むき出したワイヤーをほつれないようによってから、QI コネクタの金属をかます。コード部分にはコネクタの根元となる三角のフックを、むき出しのワイヤーには長方形のフックをそれぞれかまして、圧着ペンチでかしめる。

必要なジャンパー線

長さ	本数	色
約 12cm	2 本	白 1 本、黒 1 本
約 8cm	5 本	白 1 本、黒 2 本、緑 1 本、青 1 本
約 5cm	9 本	白 2 本、黒 2 本、緑 2 本、青 2 本、黄 1 本

17

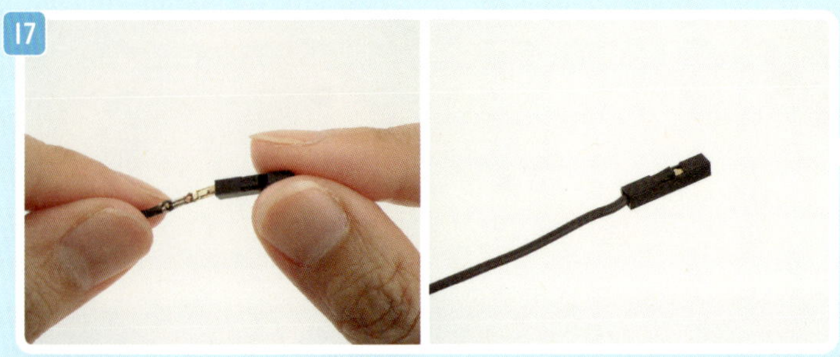

QIコネクタのプラスチック部分を差し込む。カチッという音が2回するまで差し込んでQIコネクタのでき上がり。

18

配線をする（詳細は42～43ページ参照）。Raspberry Piとつながっているピンヘッダとグランド端子に黒のケーブルを接続する。これにより、グランド線が拡張される。

19

Raspberry Piとつながっている5Vのピンヘッダを真ん中の5Vのピンヘッダを黄色のケーブルを接続する。これにより、5Vも拡張される。

20

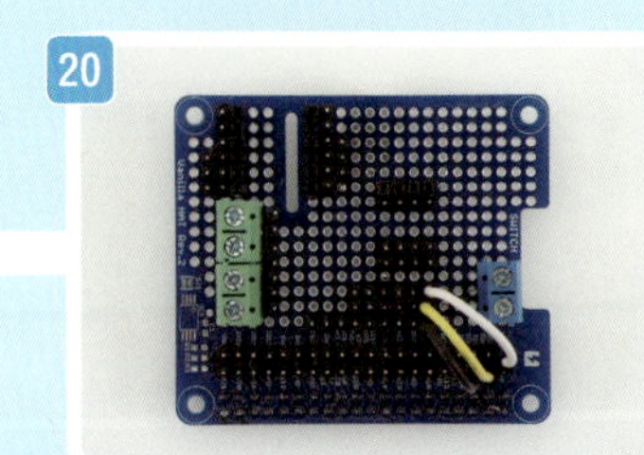

Raspberry Piとつながっている3.3Vのピンヘッダと真ん中の3.3Vのピンヘッダを白のケーブルで接続する。これにより、3.3Vも拡張される。

21

Raspberry Piとつながっている4番目の信号線SDAのピンヘッダに緑のケーブルを、3番目の信号線SCLのピンヘッダに青のケーブルを接続する。これにより、それぞれの信号線が拡張される。詳細は42～43ページを参照。

22

RTCモジュール（時計）にボタン電池をつける。

23

RTCモジュールを基板に設置する。RTCモジュールのVCC（3.3V）、SCL、SDA、GNDを、基板の各端子にそれぞれ接続する。

24

ADコンバータ（デジタル信号に変換する機器）を設置する。

25

ADコンバータのSCLを青、SDAを緑のケーブルで接続する。

26

ADコンバータの5Vと書かれているところに、RTCモジュールが3.3Vで動いているため、それに合わせてADコンバータにも3.3Vのケーブルを接続する。グランドに黒いケーブルを接続する。

27

ADコンバータのチャンネル1プラスに白いケーブル、チャンネル1マイナスに黒いケーブルを差し、それぞれを日射センサーにつなぐ。

28

ADコンバータの脇に出ている真ん中の端子（チャンネル1マイナス、チャンネル2マイナス）をRaspberry Piのグランドと黒いケーブルで接続する。

29

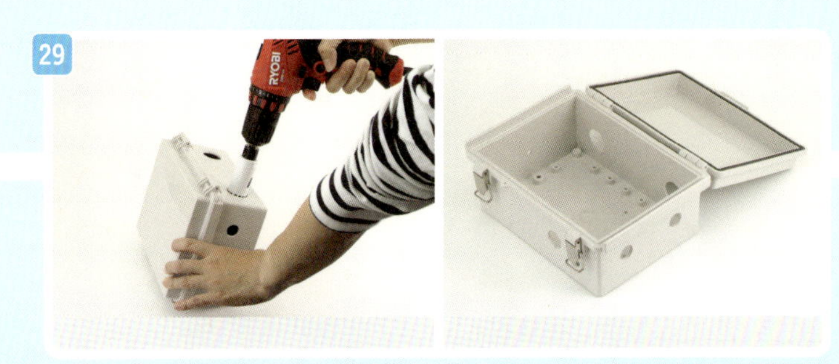

ボックスにドライバドリルとホルソーで穴を開ける。箱の穴は30ページの図1を参考に穴を開ける。

30

ボックスの右側面の穴に黒いケーブルグランドを2個、ボックスの左側面に穴を開け、白いケーブルグラントを取りつける。

31

ふたにスイッチを取りつける。スイッチ「入」の白い点が設置した時は上になるようにする。一度取りつけると抜けなくなるので注意する。

32

バニラ基板をRaspberry Piに固定する。Raspberry Pi付属の白いねじで固定する。

33

電源の接続を行う。まず、絶縁被覆付圧着端子（Y形）先開形（以後、Yラグ端子）でジャンパー線を作る。必要な長さを切り出して、工程15を参考にビニルをむいてから、Yラグ端子を圧着する。

34

基板に設置した電源を供給するターミナルブロック（青）と5Vの電源を接続する。黒（マイナス）・黄（プラス）のケーブル2本を接続する。工程33でつくったYラグ端子を5Vの電源側につなぐ。ドライバーで、接続端子のネジをゆるめて、Yラグ端子を差し込む。

35

基板側のターミナルブロックのネジをゆるめて、工程34で5VにつないだYラグ端子の反対側の電線を直接差し込んで接続する。

36

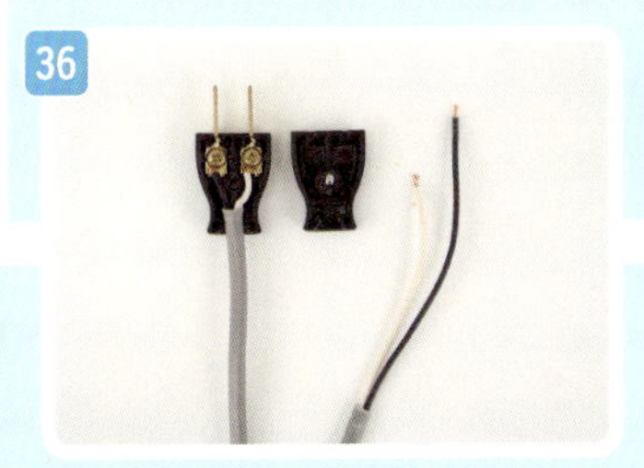

電源プラグを作る。2芯のケーブルを切り出す。一方のケーブルのビニルをむいて、コンセントのネジを緩めて接続して、ふたをしめて固定する。

37

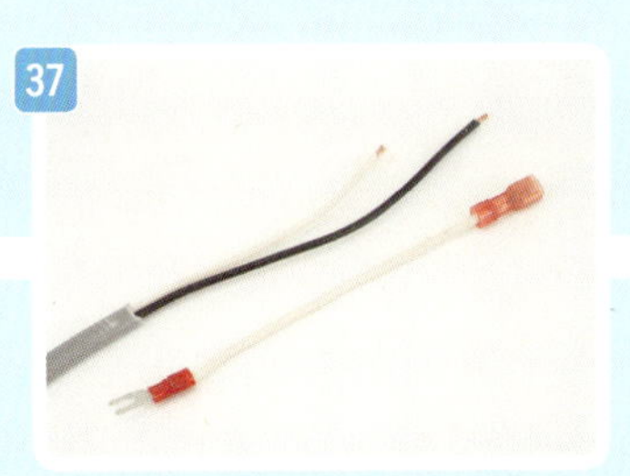

プラグの反対側のワイヤーのビニルをむいて15cm程2芯を出す。ボックスに設置した白のケーブルグランドに通す。

38

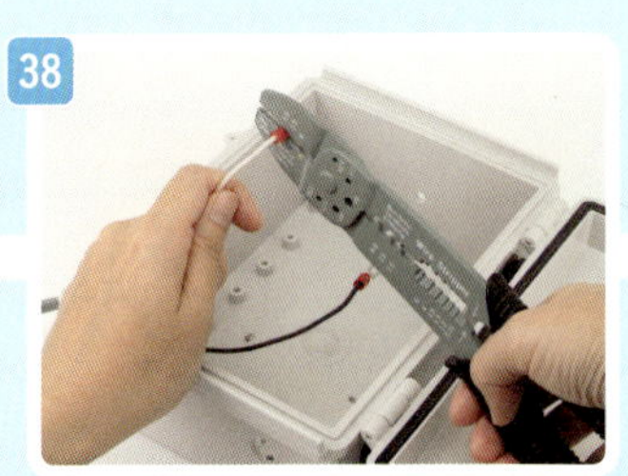

通したケーブルの先、黒にYラグ端子、白に差込形接続端子FA形（以後、平端子）をつける。

39

パワーサプライの 100V の入力端子に白いケーブル（平端子）を接続する。Raspberry Pi を設置したボードをボックスに格納しながら、電源コードの黒いケーブル（Y ラグ端子）をパワーサプライの 100V 入力端子につなぐ。

40

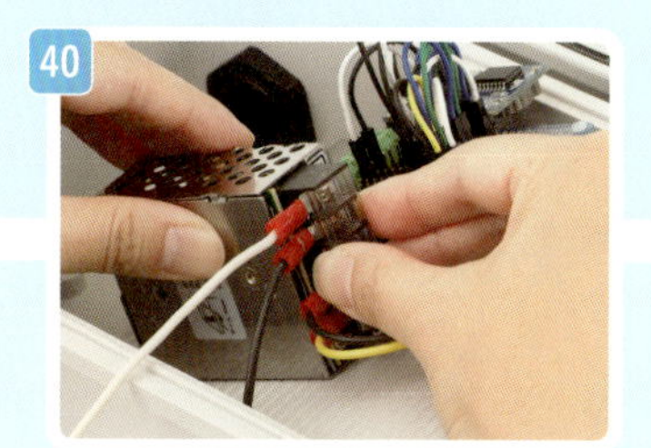

パワーサプライの接続部分にふたをする。

41

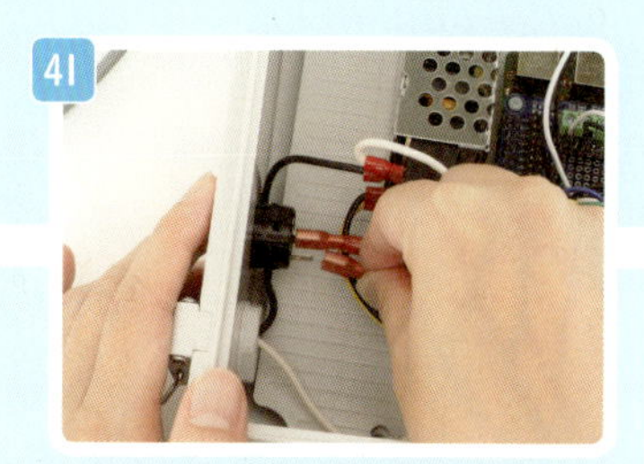

電源コードの白いケーブル（平端子）と変圧器から出ている白いケーブル（平端子）をスイッチに接続する。

42

通風口の取りつけをする。通風口のたてとい 2 ヵ所に穴を開ける。断熱材にも同様に穴を開け、たてといのなかに入れる。

43

ケーブルグランドを取りつける。

44

たてといをボックスに設置する。

45

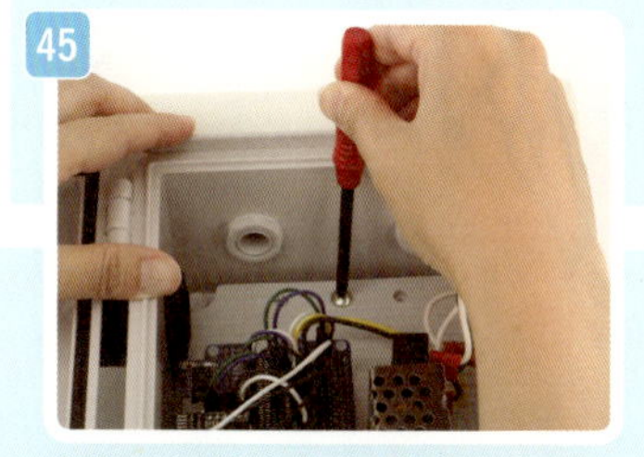

全部つないだら、ボードを付属のねじで箱に固定する。

46

温湿度センサーモジュールを設置する。V-3.3V、C-SCL、D-SDA、G- グランド部分それぞれにピンをさして、反対側をはんだで固定する。

POINT!

長時間熱すると壊れるので、素早く作業する。

47

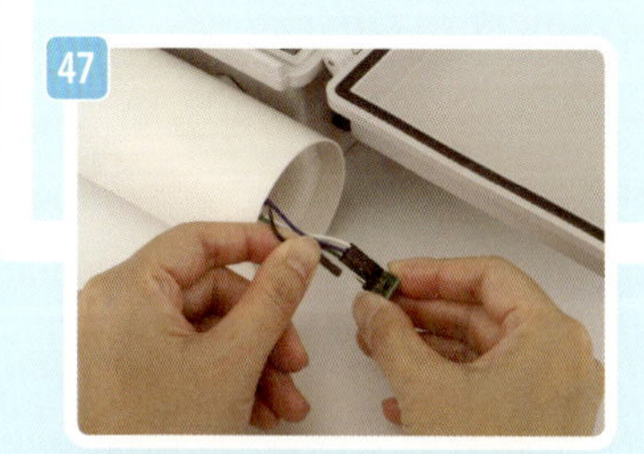

温湿度センサーを接続する。30cm のジャンプワイヤー 4 色、各 1 本を作る。通風筒と接着しているケーブルグランドに通す。基板の端子と工程 48 ではんだ付けした温湿度センサーの端子それぞれに、白を 3.3V、黒をグランド、緑を SDA、青を SCL の端子に接続する。

48

タッパーウェアに空気穴を開けて、温度上昇を防ぐためアルミテープなどで覆う。ふたにも空気の出入りができるように複数の穴を開ける。

49

タッパーウェアをボックスに取りつける。

50

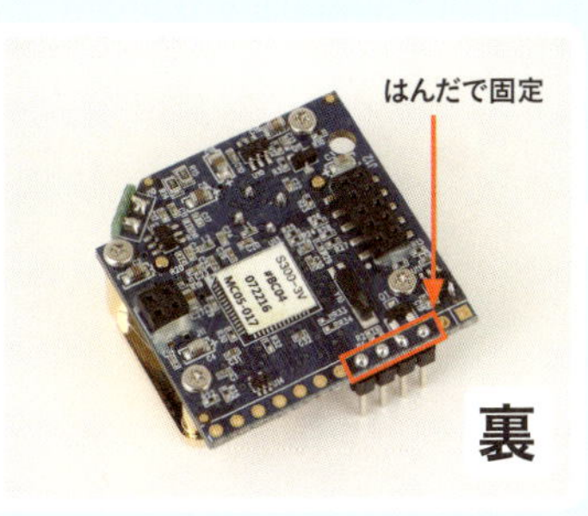

CO_2 センサーモジュールにピンヘッダを取りつける。上から3番目から4連続（3、4、5、6）を使用する。ピンを差して、反対側からはんだで固定する。

51

CO_2 センサーを取りつける。40cm のワイヤーでジャンパー線を作る。黒いケーブルグラントに4本通す。白を 3.3V、黒をグランド、青を 40 ピンの 4 番目の TxD のピン、緑を 5 番目の RxD のピンに接続する。

52

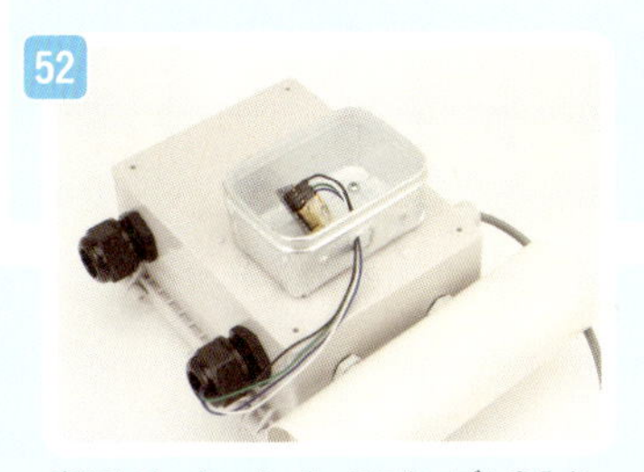

裏返して、タッパーウェアにケーブルを入れ、CO_2 センサーにケーブルを接続する。白を 3.3V、黒をグランド、緑を 3 番目の TxD、青を 4 番目の RxD に差す（Raspberry Pi 側とは青と緑が逆になる）。

POINT!

センサー側が出す信号を、Raspberry Pi が受ける側となる。役割が変わる（スイッチする）ので、コードをクロスさせて逆転させる必要がある。

53

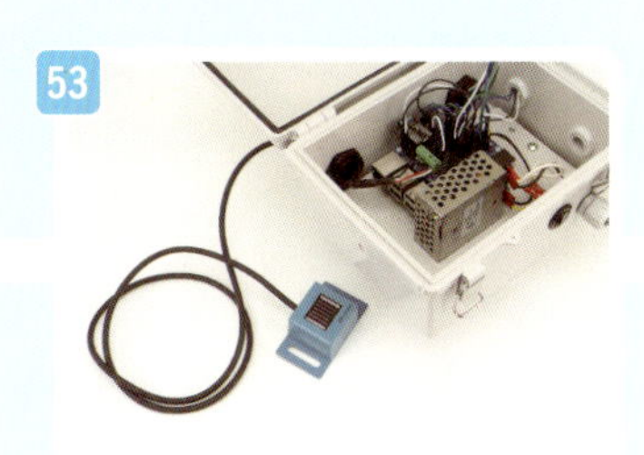

日射センサーを取りつける。白、赤、黒の3本のケーブルで作られている。白、赤をねじって1本にする。製品としてはケーブルが短いので、長さが必要な場合はシールドケーブルで延長する。外側からコードを入れて、基板のターミナルブロックに差し込む。センサーは上につけ、水平に固定する。

54

たてといの両側に回転するエルボをつけ、通風筒のほうに園芸用防虫シートをとりつける。留め具で固定する。

55

ファンのケーブルに QI コネクタをつける。

56

結束バンドをファンにつける。短いものをファンの 4 つの角に通して輪にする。長いものを 4 つの角につけた結束バンドの輪に通して、エルボに固定する。ファンは風の流れる方向を確認して、マークが表にくるようにする。

57

ケーブルグランドからケーブルを通す。

58

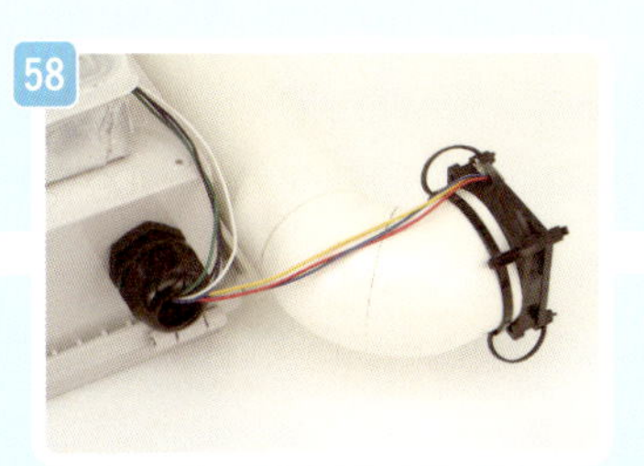

工程 57 で通したケーブルは、赤を 5V、青をグランド、黄をパルス入力ピンにそれぞれ差す。

59

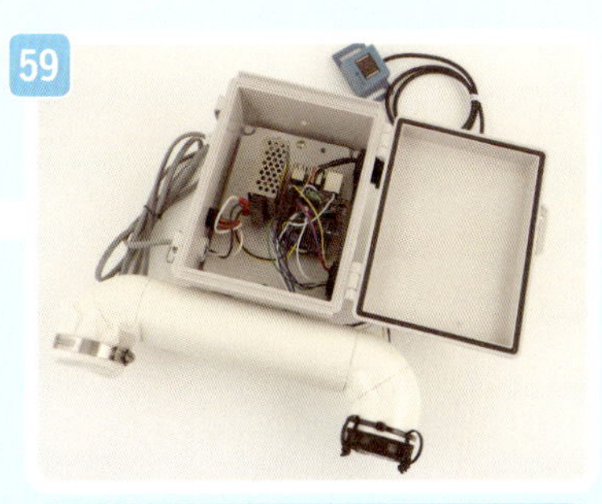

環境計測ノードのでき上がり。

注）ケーブルグランドの外側にある回転エルボ部は省略。写真を参照。

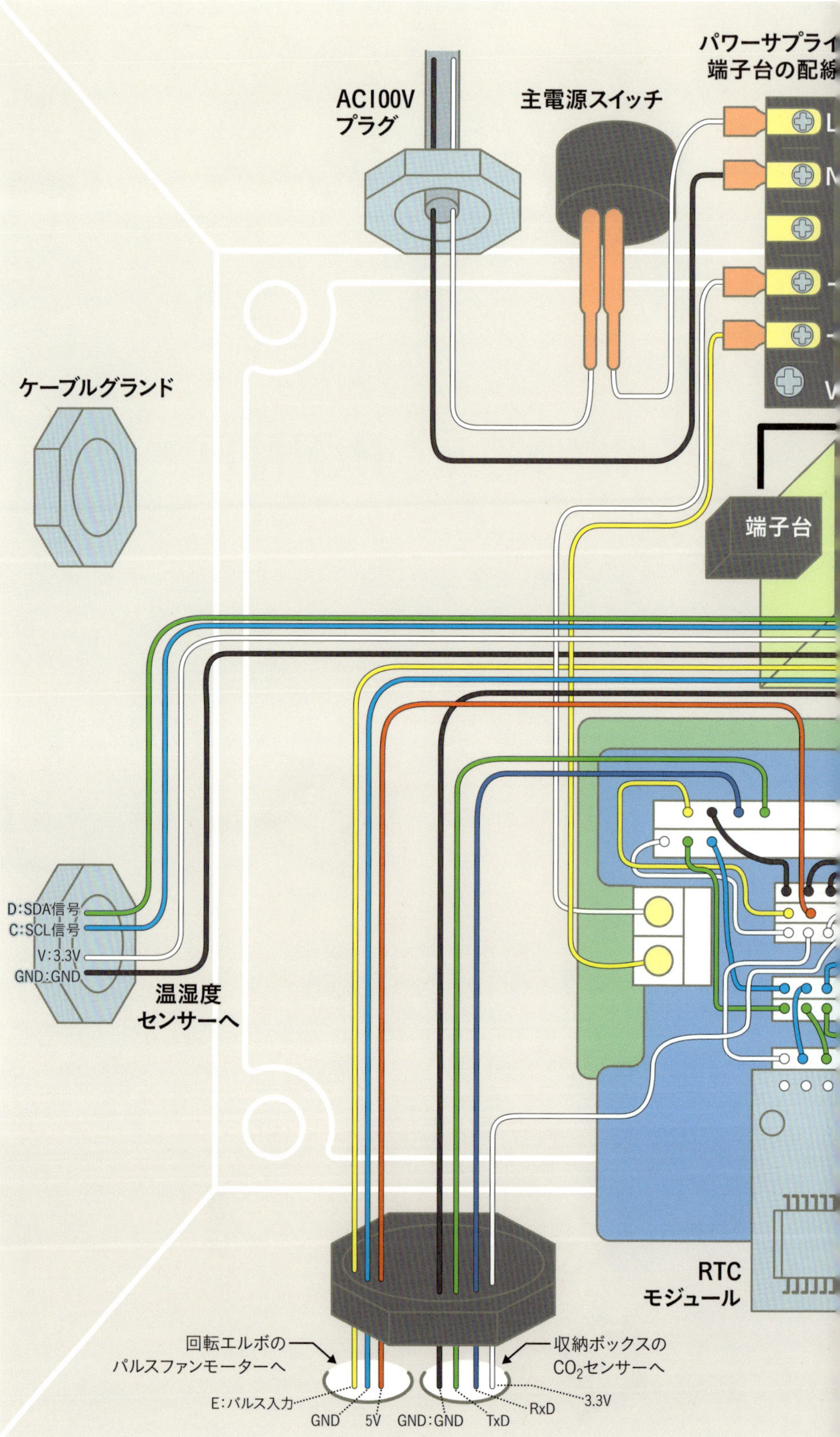

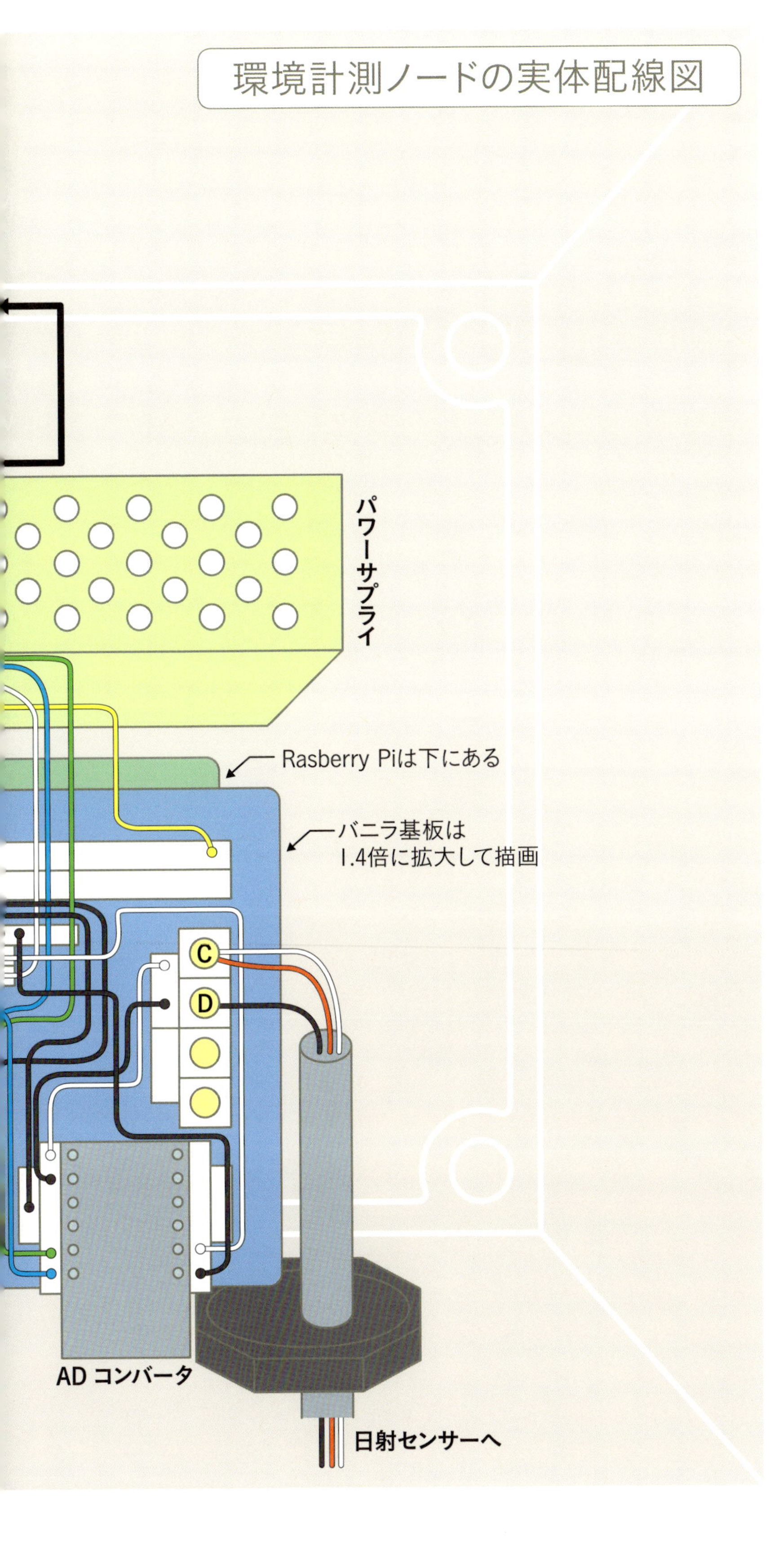
環境計測ノードの実体配線図
パワーサプライ
Rasberry Piは下にある
バニラ基板は
1.4倍に拡大して描画
C
D
ADコンバータ
日射センサーへ

2章 UECSの環境制御の組み立てと設定

環境制御ノードの作り方

農研機構 安 東赫

はじめに

環境計測ノードに続いて、ここでは環境制御ノードの作り方を紹介する。環境制御ノードは、環境計測ノードから発信されるUECS規格の信号を参照しながら、リレーを動作させ、機器の制御を行うノードである。ここでは、暖房機やCO_2発生装置、電磁弁などのように、オン・オフ制御をするチャンネルを2つと、カーテンや窓のように開閉制御（ポジション制御）をするチャンネルを1つ設けて製作する。作業の流れとしては、「パーツの固定」→「ユニバーサル基板のはんだづけ」→「配線」となる。（詳しいつくり方は49～55ページを参照）。

1. パーツの固定

まず、パネル付のボックスを用意し、図1のように、パーツのレイアウトを決め、ホルソーやドリルで固定用の穴（ルーバー用2ヵ所、ケーブルグランド用2ヵ所、ファン用1ヵ所、トグルスイッチ用4ヵ所）を開ける。また、Raspberry Piやリレーモジュール、ユニバーサル基板を固定するためのスペーサーを固定する。スペーサーは、パネルに2.6mmの穴を開け、

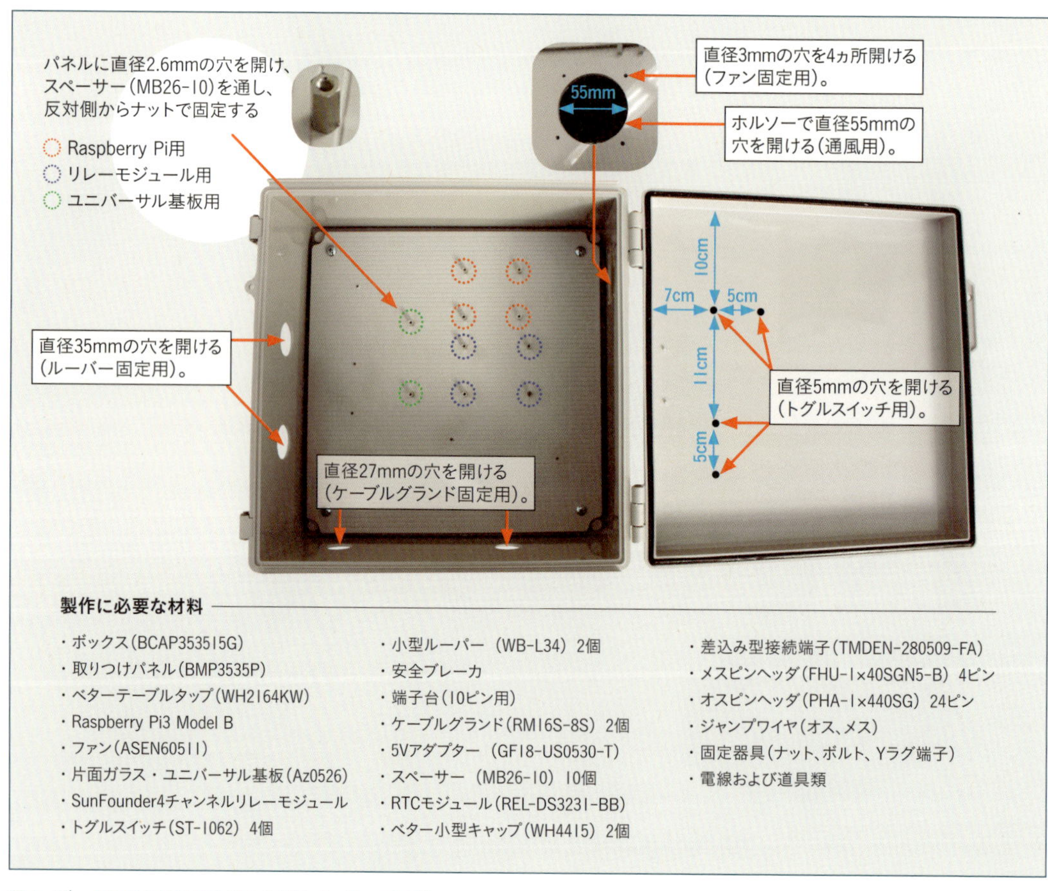

図1 ボックスにおける穴あけおよびスペーサーの固定

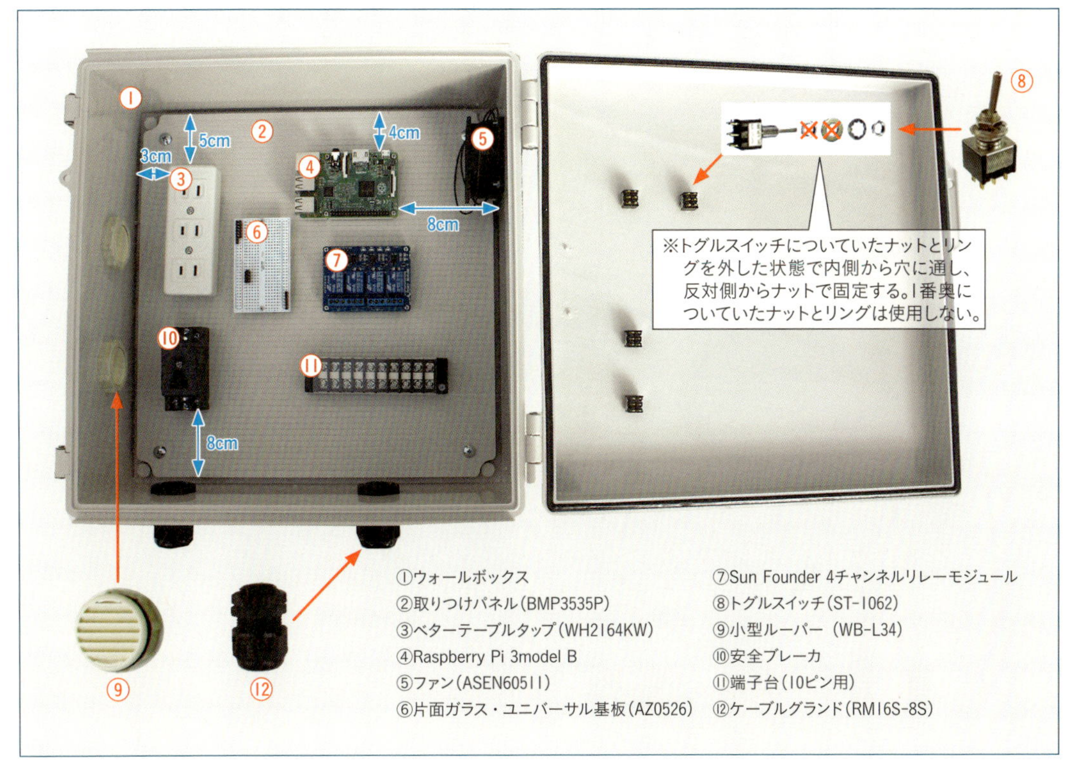

図2 パーツの固定

反対側からナットで固定する。

図2には各パーツを固定した写真を示した。⑩の安全ブレーカは付属のネジで固定する。③のテーブルタップと⑪の端子台は長さが合うネジで固定する。その他のパーツはスペーサーに合うボルトで固定し、トグルスイッチは図2の説明どおりに固定する。

2. ユニバーサル基板のはんだ付け

Raspberry Piにある電源の数を拡張するとともに、RTCモジュールの設置を容易にするため、図2の⑥部分であるユニバーサル基板を作成する。図3のようにユニバーサル基板の表からメスピンヘッダ（4ピン、1ヵ所）とオスピンヘッダ(8ピン1ヵ所、6ピン2ヵ所、4ピン1ヵ所）を差し込み、裏（図3右）にはんだ付けする。

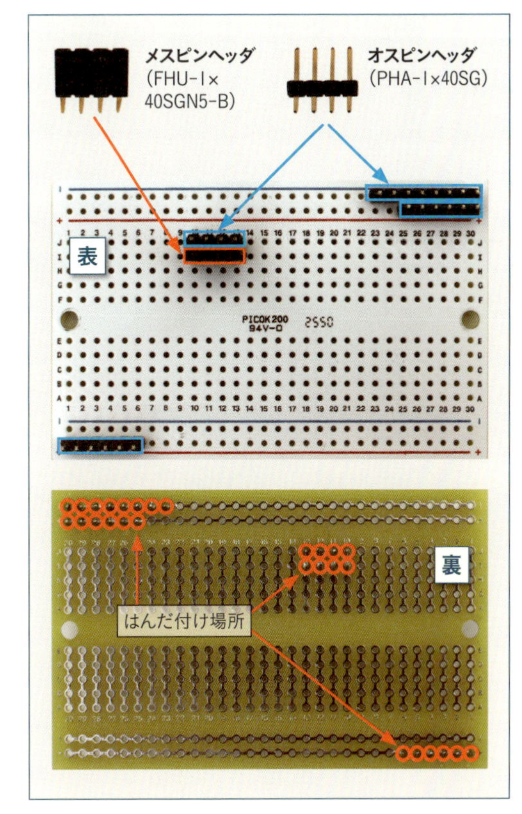

図3 片面ガラス・ユニバーサル基板のはんだづけ作業

環境制御ノードの作り方

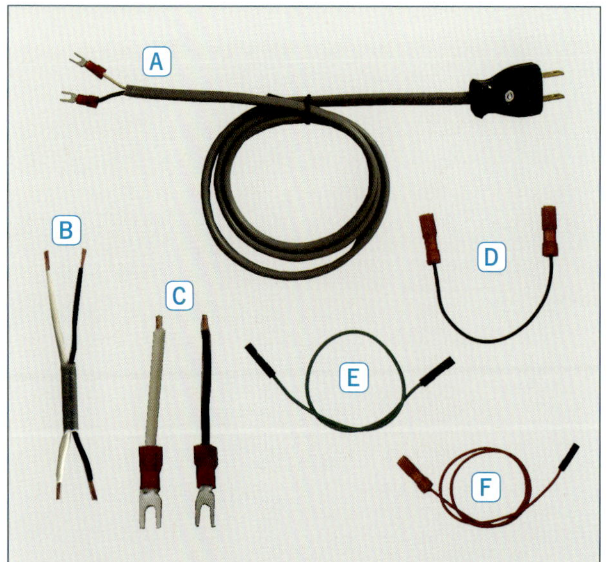

A：電源ケーブル（1.25mm×2芯線にYラグ端子とプラグをつける）
B：安全ブレーカとベターテーブルタップをつなぐ（1.25mm×2芯線）
C：リレーモジュールと端子台をつなぐ線（1.25mm×2芯線の片側にY端子をつける）
D：トグルスイッチのピン同士をつなぐ線（0.3mm線の両側に差し込み型接続端子をつける）
E：ピン同士をつなぐジャンプワイヤ（0.3mm線の両側に2.54mmピッチのQIコネクタをつける）
F：各ピンとトグルスイッチのピンをつなぐ線（0.3mm線の片側に2.54mmピッチのQIコネクタを、反対側には差し込み型接続端子をつける）

ファンの2本線にプラグ（ベター小型キャップ）を装着してコンセント（ベターテーブルタップ）に接続する。

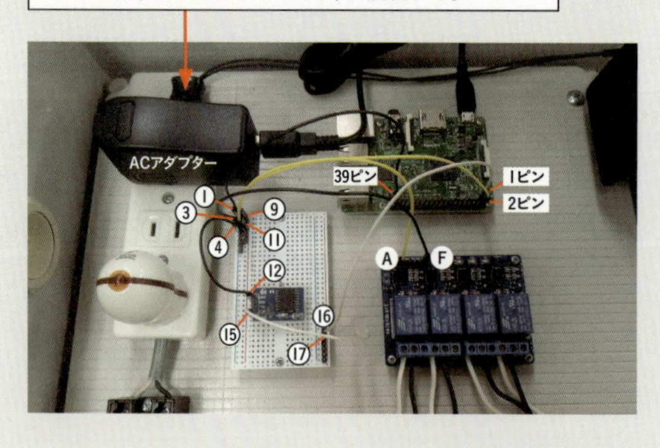

図4　配線作業に用いる電線の種類（上）および配線状況（下）

3. 配線

制御ノードの配線に使う電線の種類は図4上に示した。

① 2本線にYラグ端子とプラグをつけた線（A）を用意し、安全ブレーカ（図2の⑩）に接続する。

② 2本線の被服をむき（B）、安全ブレーカとベターテーブルタップ（図2の③）を結線する。

③ ファン（図2の⑤）の2本線にプラグをつけてコンセントに装着する（図4下）。

④ Raspberry Pi用ACアダプターをRaspberry Piにつなぎ、コンセントタップに取りつける。

図5には各ピンの説明と結線方法を、図6には各ピンの番号を示した。

ユニバーサル基板上のピンとRaspberry Piのピン、リレーモジュールのピン間の結線には、ジャンプワイヤ（図4上のE線）を用いる。各ピンとトグルスイッチとの結線には、図4上のF線を用いる。また、トグルスイッチ間の結線にはD線を使用する。

図5の記号を参照しながら、図5の右側に示した結線方法のとおりに配線を行う。まず、ユニバーサル基板上の①ピンとRaspberry Piの39ピンを接続すると、ユニバーサル基板上の①〜⑧はDC電源のGNDになる。また、⑨とRaspberry Piの2ピンを接続すると、ユニバーサル基板上の⑨〜⑪は5V+になる。このように、順に配線を行うが、ト

グルスイッチにあるピンの場合は、差込型接続端子を付けた線（図4DとF）で結線する（図7）。リレーモジュールと端子台は、Yラグ端子をつけた1本線（図4C）を用意し、図7に示した結線方法のとおりに配線する。AとBはオン・オフ制御のチャンネル1用で、CとDはオン･オフ制御のチャンネル2用である。また、E～Gはポジション制御をするチャンネル用である。

配線の終了後、図8に示したように、トグルスイッチの動作がわかるようにラベルを表示する。

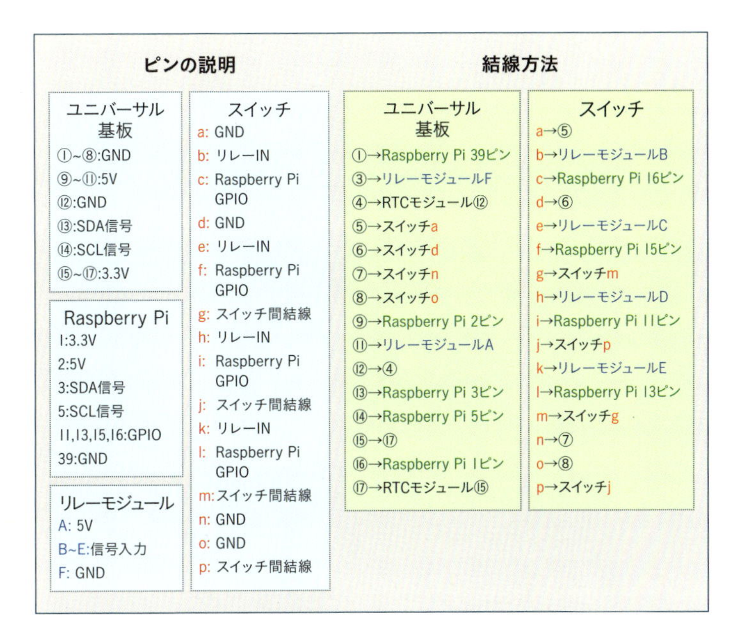

図5　基板上のピンの説明と結線方法

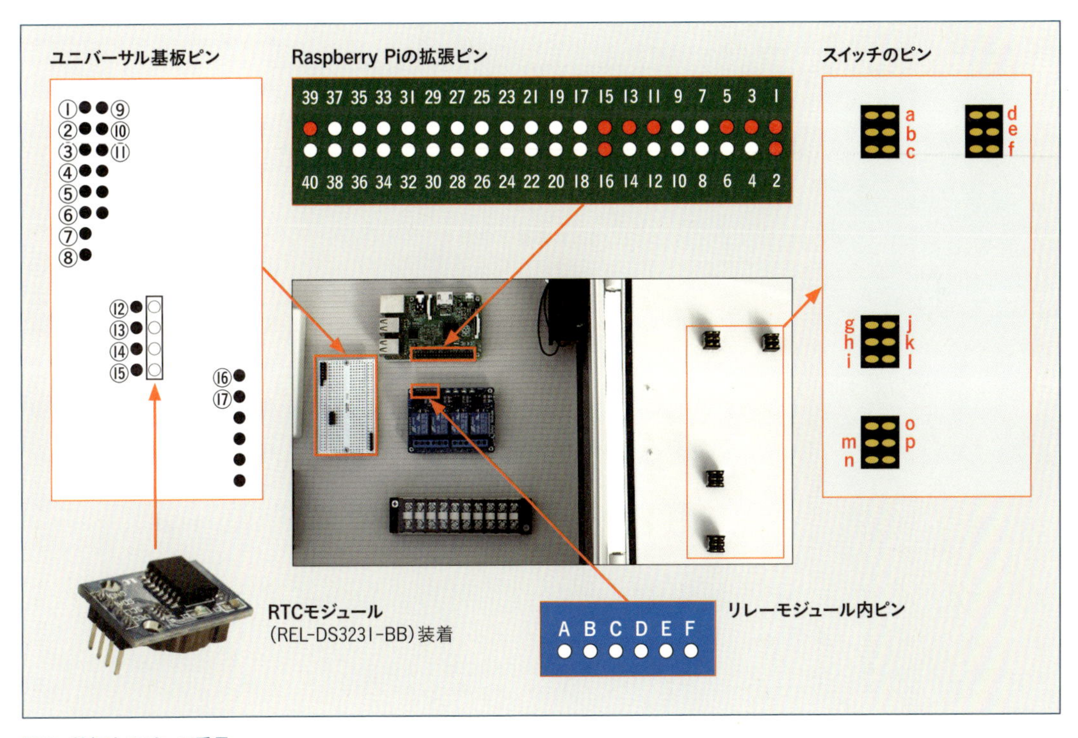

図6　基板上のピンの番号

また、スパイラルチューブを使用して電線などをまとめておく。

4. 最後に

ここで説明した制御ノードではオン・オフ制御の2チャンネルとポジション制御の1チャンネルを設けているが、Raspberry Piには汎用入出力（GPIO）がまだ残っており、リレーモジュールやトグルスイッチを増やすことによって、チャンネル数を増やすことも可能である。

計測ノードと同様に、用いる部材には汎用性の高いものが多く、何を使うかにもよって異なるが、約3万円程度で作成できる。

実際に制御等を行うためには、計測ノードと同様（株）ワビットから公開されているUECS用ソフトウェア（UECS-Pi Basic）をmicro SDカードに書き込み、Raspberry Piにセットすることで起動する。その設定方法については設定編で解説する。

56ページからは計測ノードの設定編について解説する。

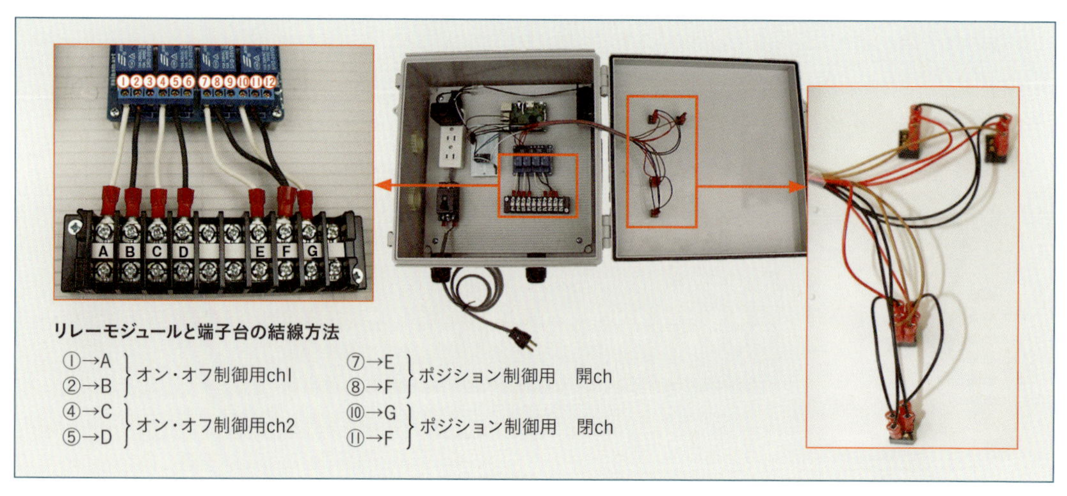

図7　リレーモジュールと端子台、トグルスイッチでの結線

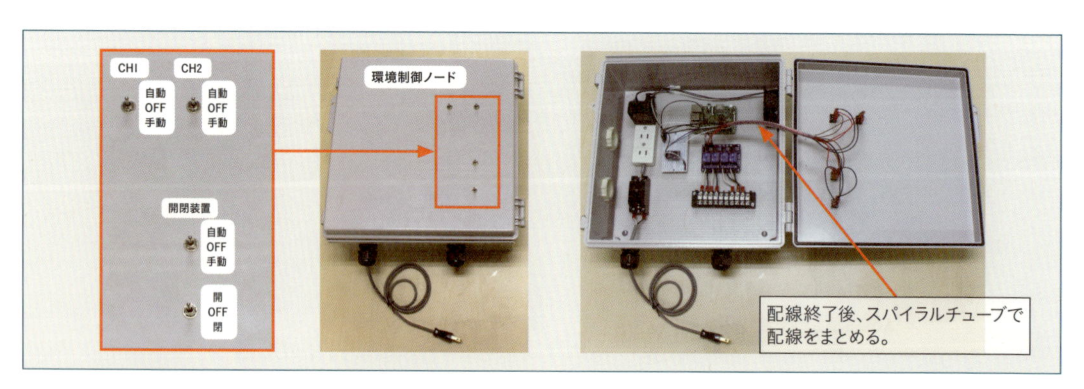

図8　ラベルを表示

環境制御ノードの作り方

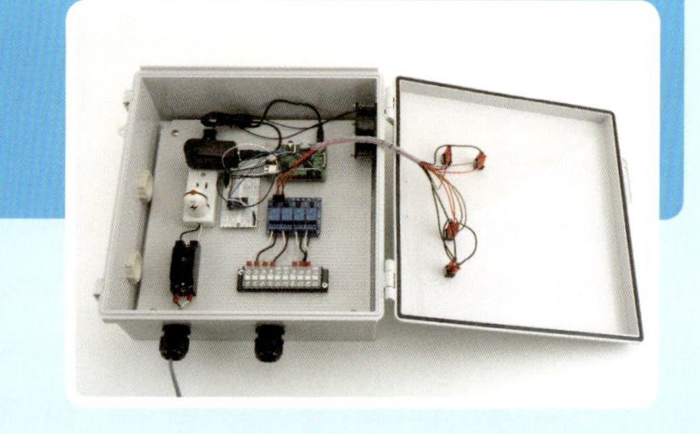

環境制御ノードの作り方を紹介する。

環境制御ノードを作るための部品と数量、問い合わせメーカー一覧

製品名	数量など	用途	メーカー
Raspberry Pi 3 Model B	1	UECS-Pi 制御基板	Raspberry Pi 財団
microSD カード（4GB）	1	Raspberry Pi のメモリー（産業用を推奨）	
RTC モジュール（REL-DS3231-BB）	1	ラズベリーパイ用の時計ユニット	
CR1220 電池	1	RTC モジュール用の電池	
片面ガラス・ユニバーサル基板（ブレッドボード配線パターンタイプ）	1	RTC モジュールの取りつけや電源拡張のための基板	Picotec International Co.,Ltd.
耐熱ビニル電線（単）SHW-S 0.65 2m × 7 色	1	配線用のコード（黒赤橙黄緑青白 各 2m）	サンコー電商有限会社
ピンヘッダ　1×40	1	使用するのは 24 ピン分（必要分を切って使用）	Useconn Electronics Ltd.
分割ロングピンソケット　1×42	1	使用するのは 4 ピン分（必要分を切って使用）	Useconn Electronics Ltd.
ターミナルブロック 2 ピン（プリント基板用小型端子台 XW4E-02C1-V1）	5		オムロン株式会社
SunFounder 4 チャンネル リレーモジュール	1	外部機器を制御するためのスイッチ	サインスマート
組端子台　10 極	1	ターミナルブロックとも呼ばれる。10 極のものを使用	
ベターテーブルタップ（4 口）	1	コンセントのタップ	
ラズベリーパイ用 AC 電源	1	ラズベリーパイ用の AC アダプター	
Yazawa 雷バスタープラグ	1	雷から装置を守る道具	株式会社ヤザワコーポレーション
ベター小型キャップ	2	いわゆるコンセントプラグ	
ビニルキャブタイヤ長円形コード 2 芯 0.75SQ ハイ	50cm 以上	電源コードや内部配線に使用。外部の配線に必要な長さ +50cm（内部配線用）が必要	
ウォルボックス用ルーバー WB-L34	1	冷却用のための空気導入用ルーバー	未来工業株式会社
AC ファンモータ _60 角× 30_ リード線 100V	1	AC100V で動く冷却ファン	パナソニック株式会社
BCAP 型防水・防塵開閉式プラボックス（BCAP353515G）	1	本体を収納するためのケース	株式会社タカチ電機工業
BMP-P 型プラスチック取付ベース（BMP3535P）	1	ケース内にラズベリーパイ、基板などを固定するための板	
ケーブルグランド（RM16S-8S）	2		日本エイ・ヴィー・シー株式会社
トグルスイッチ（ON-OFF-ON）	4	トグルスイッチ 2 回路 2 接点　ON-OFF-ON　中点 OFF のもの	
[QI] 信号伝達コネクタ（2.54mm ピッチ）1 × 1	32	ジャンパーピン製作用の部品（外側）	
[QI コネクタ] 信号伝達コネクタ用ピン メス	32	ジャンパーピン製作用の部品（電線をつなぐ接点部分）	
スパイラルチューブ	20cm		
差込形接続端子 FA 形	16		株式会社ニチフ
メタルジョイント M2.6 用 10mm（オネジメネジ）	4	ラズベリーパイ固定用	
M2.6 × 8 なべ小ネジ（ステンレス）	4	ラズベリーパイ固定用	
M2.6 ナット	4	ラズベリーパイ固定用	
メタルジョイント M3 用 10mm（オネジメネジ）	6	ユニバーサル基板・リレーモジュール固定用	
M3 × 8 なべ小ネジ（ステンレス）	6	ユニバーサル基板・リレーモジュール固定用	
M3 × 12 なべ小ネジ（ステンレス）	2	テーブルタップ固定用	
M3 ナット	12	ユニバーサル基板・リレーモジュール・テーブルタップ・ファン固定用	
(+) 皿頭タッピングネジ（ステンレス）M3.5 × 10	2	ベターテーブルタップ固定用	
なべ小ネジ（ステンレス）M3 × 40	4	ファン固定用	

※材料は一例で代替品でも可。端子やピンヘッダなどは失敗した時のため、余分に用意しておく。

準備しておく道具： ドライバードリル（インパクトドリル・普通の電気ドリルでも可）、ドリル刃（3mm、2.6mm）、ホールソー（6.5mm、27mm、35mm、55mm ※ホールソーが入手困難ならばステッピングドリルでも可）、プラスドライバー（NO.1、NO.2）、マイナスドライバー（2.5mm）、はんだゴテ（20 ～ 30W）、はんだ、こて台、はんだ吸い取り線、ラジオペンチ、ニッパー、カッターナイフ、ワイヤストリッパー、圧着工具（絶縁圧着端子用とオープンバレル型コンタクト用）、油性ペン

パネルにRaspberry Piとユニバーサル基板とSUNFounder4チャンネルリレー（以後「リレーモジュール」とする）の取りつけ位置をけがく。ベターテーブルタップ（以後「タップ」とする）はネジを外すと下の取りつけ金具がとれる仕組みになっている。

3mmのビットでパネルに穴を開ける。ドライバードリルを使う際には、パネルの下に当て板をする。

ボックスの穴開け位置に印をつけて、ふた部分は6.5mm、側面は55mmのホールソーで穴を開ける。ホールソーをいきなり押し込むとボックスが回転してしまうので、ゆっくりと押し込んでいく。

POINT!

最初に細いドリルで下穴を開けてから、ホールソーで大きな穴を開けるときれいな穴に仕上がる。

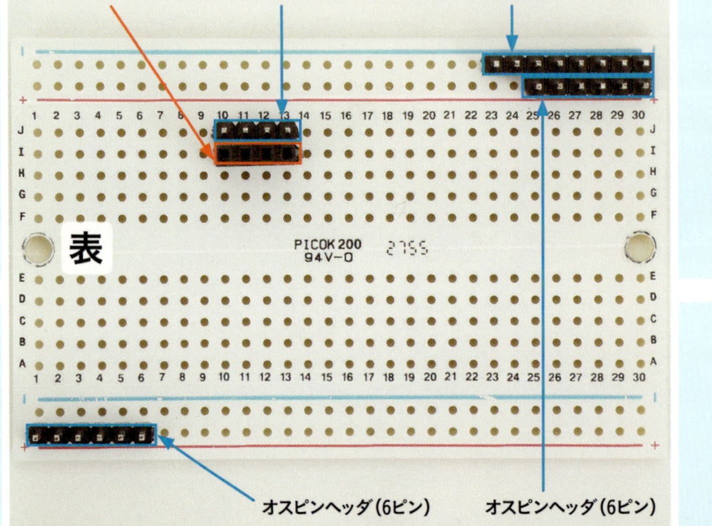

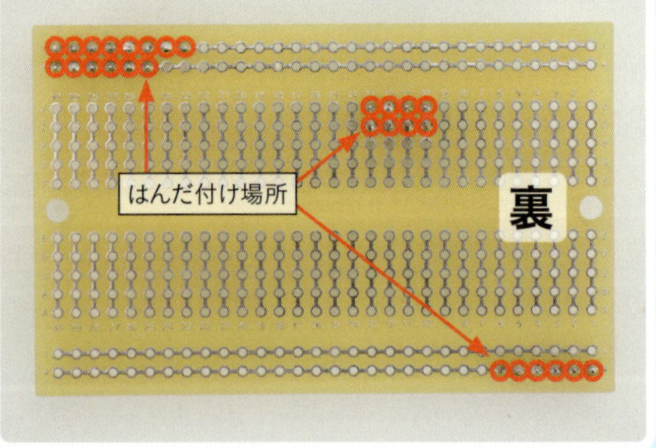

ユニバーサル基板にピンヘッダを45ページの図3のとおりに固定する。ピンを載せて、裏側からはんだ付けをする。最初はピンの端をとめる。一度表面にして、裏のはんだを溶かしながら直角になるように調整する。直角になったら、他のピンも固定していく。

5

45 ページの図 2 を参考に、レイアウトを決めて Raspberry Pi、リレーモジュール、ユニバーサル基板をスペーサーとネジ、ナットでとめる。

6

タップの吊り金具を固定する。ネジは、ネジ頭が薄いものを選ぶ。

7

ネジで端子台をパネルに固定する。ブレーカはタップの横にネジで固定する。

8

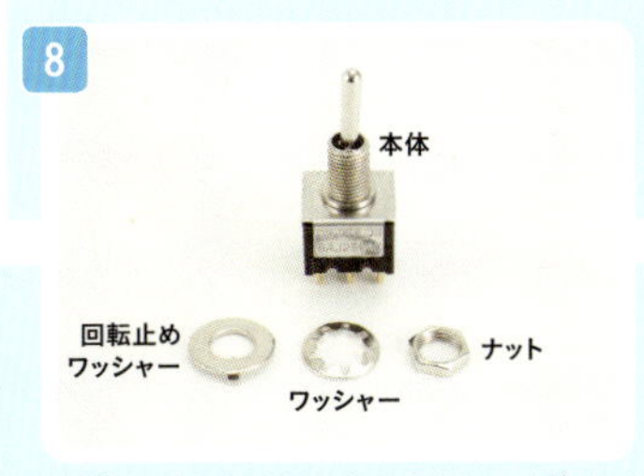

トグルスイッチにはナット、ワッシャーがついているので、ナットをラジオペンチで緩めて外す。

9

ふたにトグルスイッチを取りつける。ワッシャーをはめて、ふたの内側から穴に差して、ワッシャー、ナットで固定する。今回は厚い回転止めワッシャーは使用しない。

10

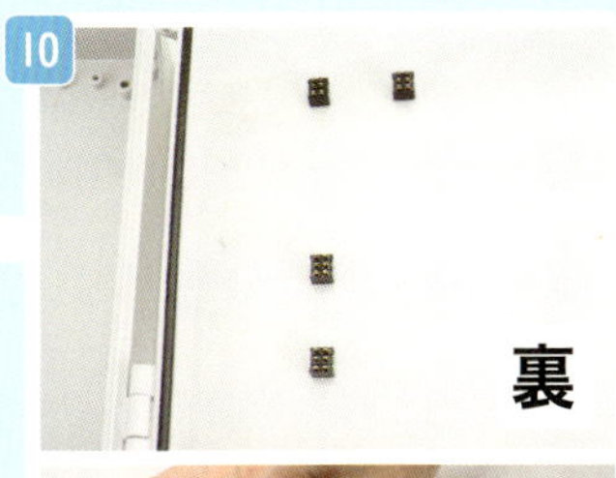

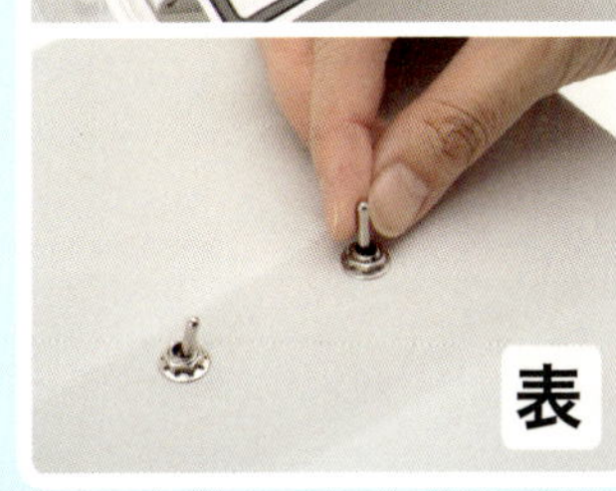

スイッチは、向きが縦に動くよう、位置に気をつける。

11

ファンは、回る方向を確認して、ネジとナットで固定する。ある程度手で回し、最後はドライバーとラジオペンチでしっかり固定する。

12

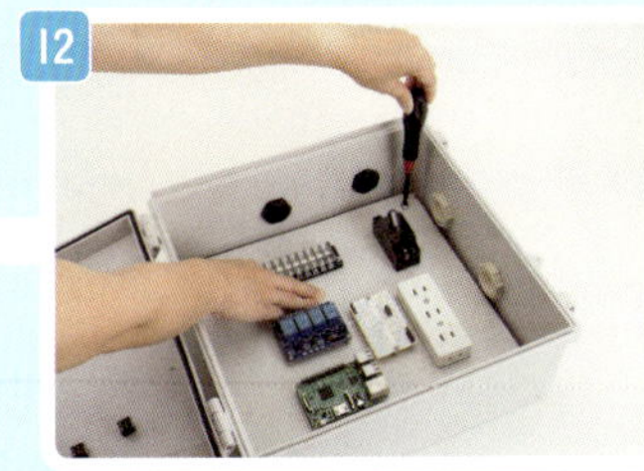

パネルを箱のなかにネジで固定する。

13

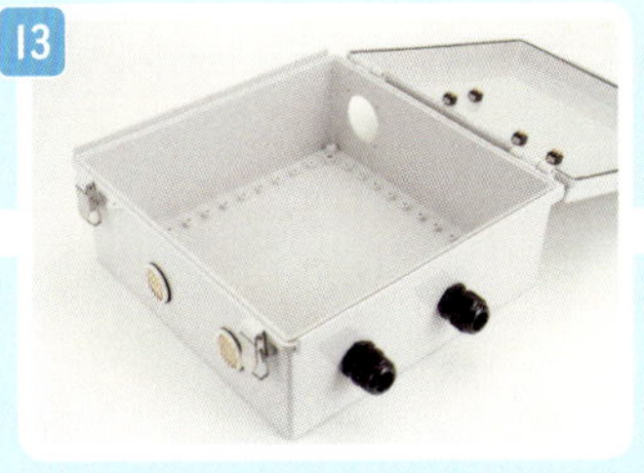

小型ルーバー（白）とケーブルグランド（黒）を固定する。ふたを開け、工程 3 で開けた穴に、外・内側からそれぞれのパーツを取りつける。

14

ブレーカからタップの配線をする。電源ケーブルを適当な長さに切り、ストリッパーでコードのビニルをむくと、黒・白 2 本のケーブルが出てくるのでそれぞれの端 1.5mm のビニルをむいて、タップに取りつける。タップはドライバーでネジを緩めてフック状にしてひっかける。ケーブルの長さを調整し、ブレーカ側もビニルをむいてなかの線を出し、ブレーカ側の端子に固定する。この時、Y ラグ端子をつけても良い。

15

タップのふたを外し、ネジを締めて吊り金具に固定する。

16

ファンに電源を供給するために、プラグにファンのリード線を接続する。ネジを外して、端子に線をひっかけて固定する。

17

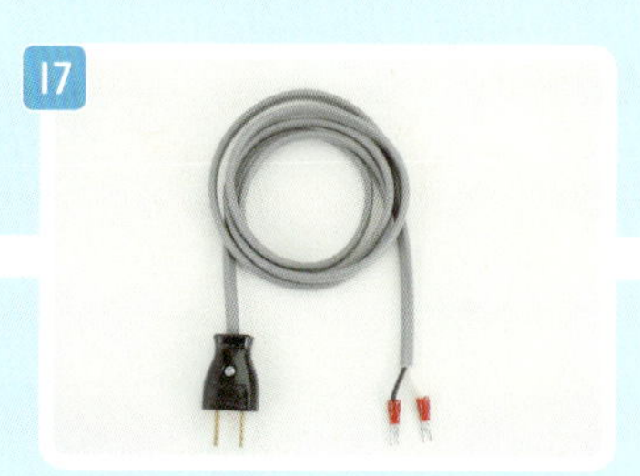

電源ケーブルを作る。39 ページの工程 36 ～ 38 と同様にしてつくる。

18

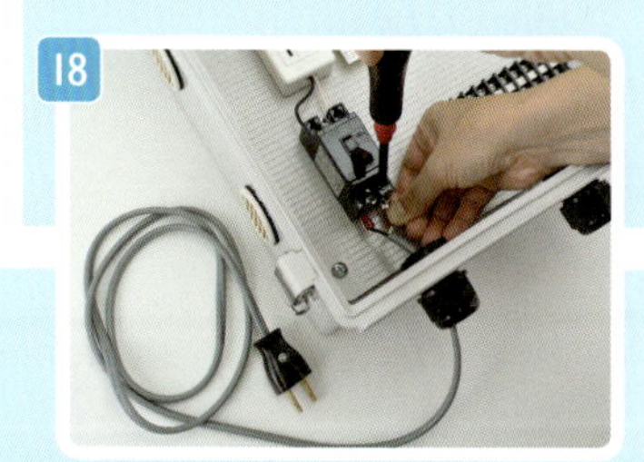

ケーブルグランドに外から通し、ブレーカに Y ラグ端子を差して固定する。

19

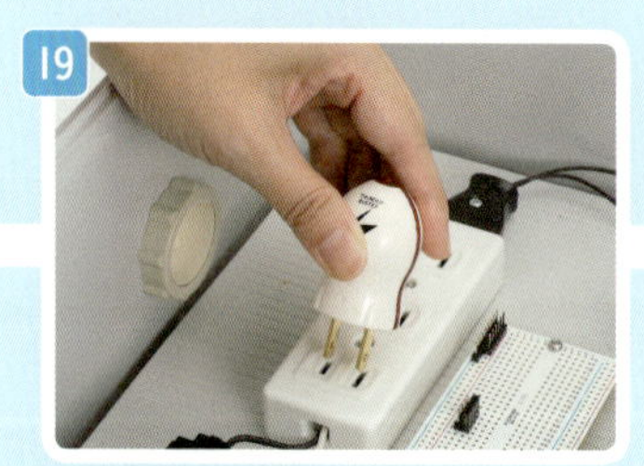

雷バスタープラグをタップに差す。

20

マイクロ USB を使い、AC アダプターを Raspberry Pi に取りつける。

21

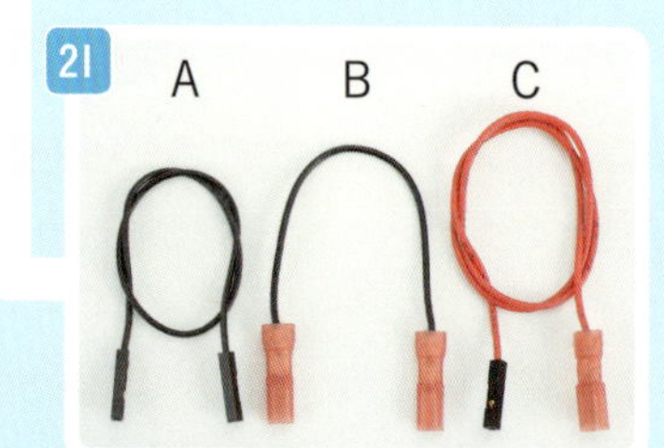

3 種類の接続ケーブルをつくる。A タイプは両方 QI コネクタ、B タイプは両方差し込み形接続端子、C タイプは片側 QI コネクタ、もう一方が差し込み端子となる。
左より、A タイプ・両方 QI コネクタ、B タイプ、両方差し込み型接続端子、C タイプ・片側 QI コネクタ、もう一方が差し込み端子。

必要な接続ケーブル

ケーブルの色	長さ	本数	タイプ
黒	約 45cm	4 本	C
黒	約 20cm	2 本	A
黒	約 10cm	3 本	B2 本、A1 本
茶	約 35cm	4 本	C
赤	約 40cm	4 本	C
緑	約 20cm	1 本	A
青	約 20cm	1 本	A
白	約 10cm	1 本	A
白	約 20cm	3 本	A

22

リレーモジュールのターミナルピンと端子台の接続用ケーブルを取りつける。接続ケーブルの白（4 本）と黒（4 本）の片側のビニルをむいて、Y ラグ端子をつけてかしめる。反対側は被覆をむいたままにしておく。

RTCモジュール（時計）をユニバーサル基板につける。4ピンに差し込む。

Raspberry Piからユニバーサル基板に電源5V（白）、3V（白）、グランド（黒）の3本のケーブルを接続する。

Raspberry PiからRTCモジュールに電源3.3V（白）、SDA（緑）、SCL（青）の信号線を接続する。

ユニバーサル基板からリレーモジュールに5V（白）とグランド（黒）のケーブルを接続する。

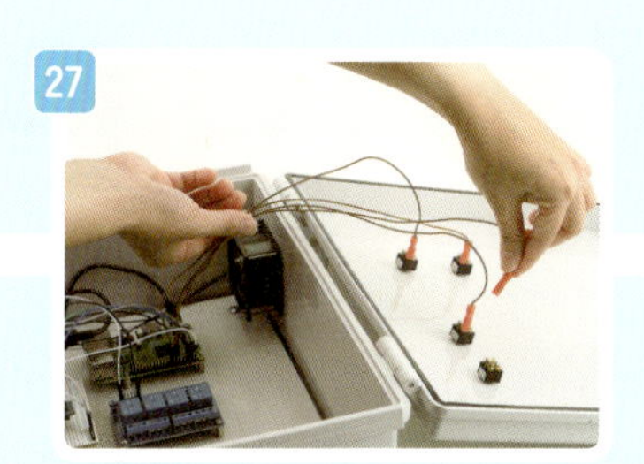

Raspberry Piからトグルスイッチのケーブル（茶）を接続する。

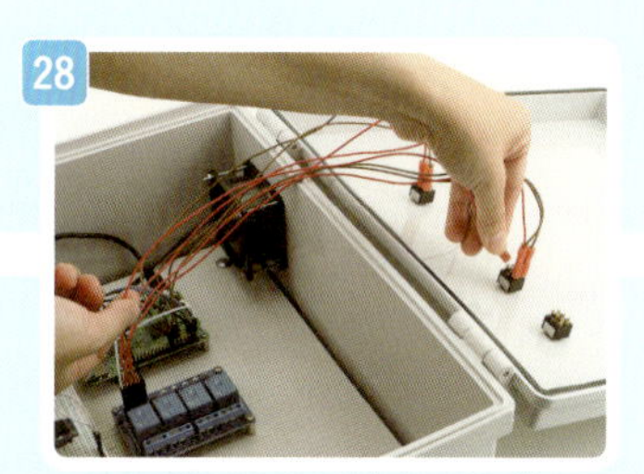

リレーモジュールのPIN1-4にQIコネクタを差す。もう一方をスイッチの真ん中に差す。

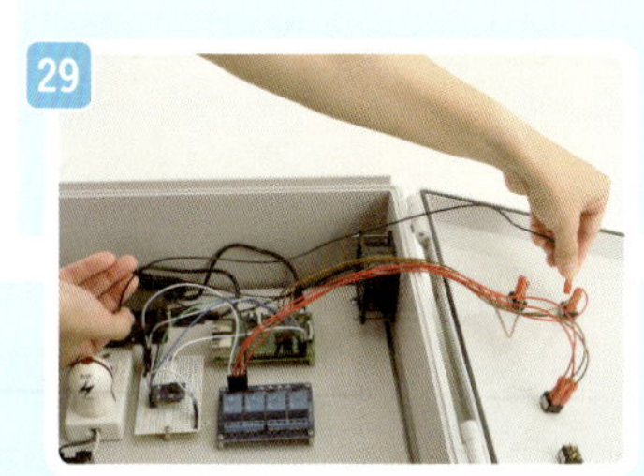

手動スイッチにつなげるグランド線のケーブル（黒）を接続する。

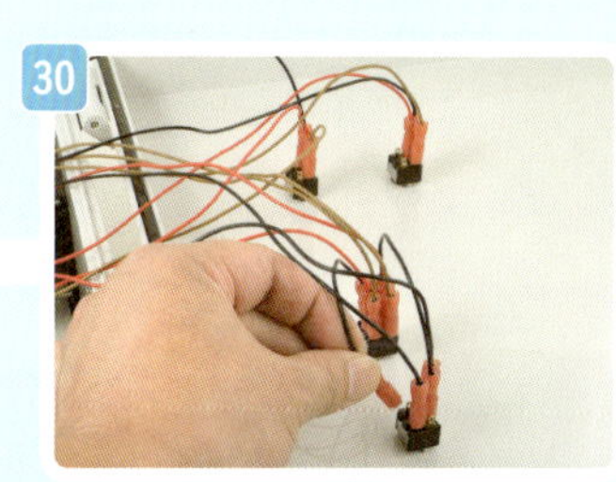

スイッチにつながるケーブル（黒）を47ページ図5および55ページに従って接続する。

48ページ図7のように、リレーモジュールと端子台を接続する。

スパイラルチューブで配線をまとめる。

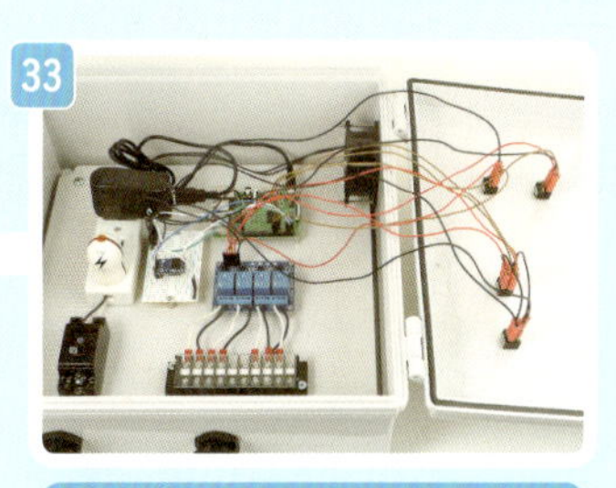

環境制御ノードのでき上がり。

環境制御ノードの実体配線図

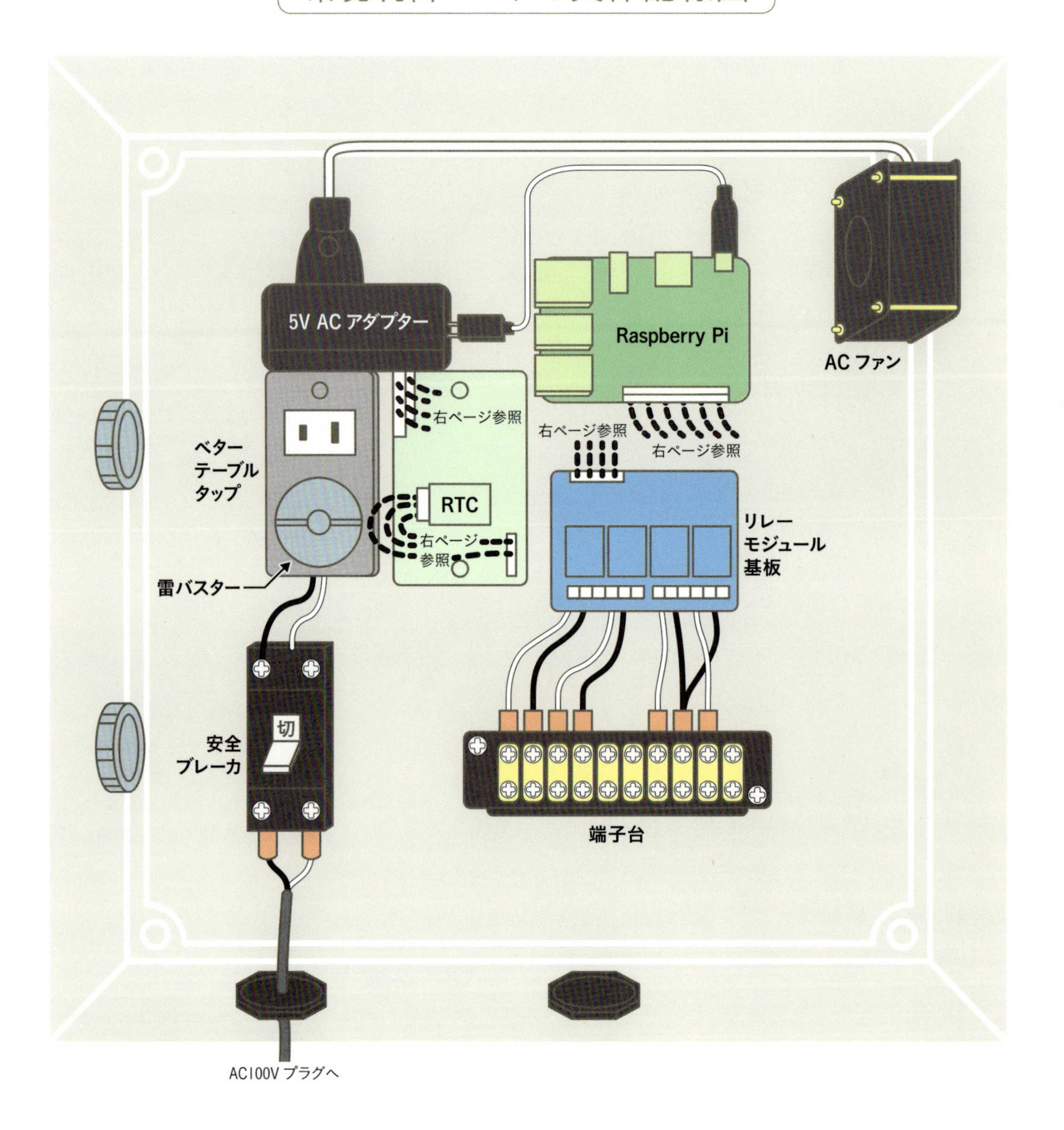

環境制御ノードの各基板とスイッチ群の展開配線図

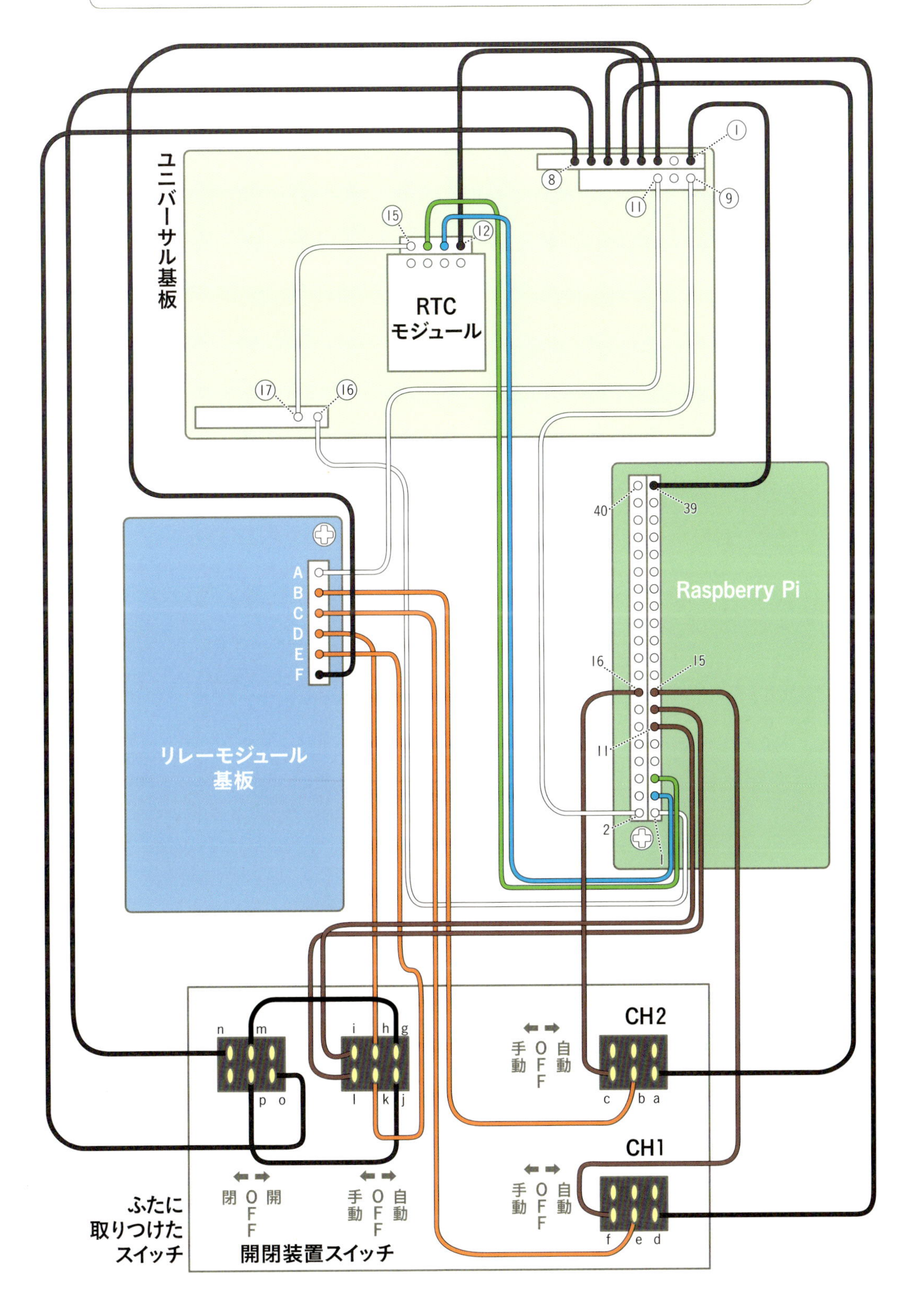

環境計測ノードの設定方法

農研機構 安 東赫

はじめに

ここでは、30～43ページで作成した環境計測ノードの設定方法について紹介する。環境計測ノードの設定には、（株）ワビットから公開されているUECS用ソフトウェア（UECS-Pi Basic、以下UECS-Pi）をmicroSDカードに書き込み、Raspberry Piにセットすることで起動する。その後、PCのブラウザーからRaspberry Piにアクセスして設定を行う。作業の流れとしては、「ソフトウェアの書き込み」→「ノード設定」→「センサー設定」となる。ここでの設定は、Raspberry Piのモデルは3を、UECS-Pi Basicのバージョンは2018年5月28日にリリースされたものを用いた場合の設定を解説する。

1. ソフトウェアの書き込み

(1) ソフトウェアのダウンロード

①インターネットで、SDFormatterおよびWin32 Disk Imagerを検索してダウンロードし、PCにインストールする。

②イメージファイルのダウンロード
https://arsprout.net/archive/firmware/#firm-uecs-pi-basic にアクセスし、「UECS-Pi Basic Ver.20180528」（※執筆時のバージョン・以後同）というファームウェアダウンロードボタンをクリックし、「uecs-pi-basic-20180528.zip」ファイルを保存する。このファイルを解凍し、PCに「uecs-pi-basic-20180528.img」ファイルを保存する。

(2) microSDカードのフォーマットおよびUECS-Piイメージ書き込み

まず、microSDカードをPCにセット後、SDFormatterを立ち上げ、図1に示したとおりにmicroSDカードのフォーマットを行う。その後、Win32 Disk Imagerを起動し、図2の説明どおりに、イメージファイル（uecs-pi-basic-20180528.img）の書き込み作業を行う（図2）。

2. ノード設定

PCから計測ノードのRaspberry Piにアクセスできるようにするため、設定用PCのネットワークアダ

用意するもの
- フォーマットソフト：SDFormatter
- イメージ書き込みソフト：Win32 Disk Imager
- microSDカード1枚
- 計測ノード：30～43ページ参照
- PC：LANに接続可能、microSDカードの書き込み可能、ブラウザーがインストールされているもの

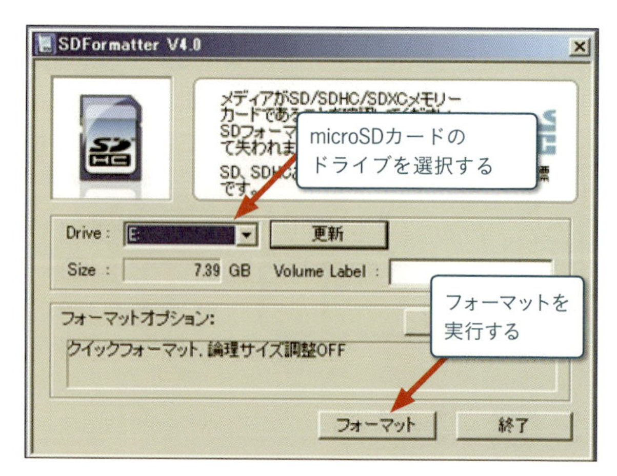

図1 SDFormatterによるフォーマット作業

プタを図 3 のように設定する。UECS-Pi の初期設定として IP アドレスは「192.168.1.70」、サブネットマスクは「255.255.255.0」に設定されているため、設定用 PC のネットワークアダプタを固定 IP アドレス「192.168.1.xxx（初期設定の 70、計測ノード用の 60、制御ノード用の 61 以外の数字）」、サブネットマスク「255.255.255.0」に設定する（ここでは、192.168.1.100 とする）。

PC 側のネットワーク設定が終わったら、図 4 のように、イメージを書き込んだ microSD カードを計測ノード内の Raspberry Pi に挿入後、設定用 PC と LAN で接続し、計測ノードの電源を入れる。Internet Explorer のような Web ブラウザのアドレス欄に「192.168.1.70」と入力後、アクセスすると、図 5 のような画面になるので、パスワードを入力後、ログインする。

UECS-Pi のメニューバーには「トップ、制御モニタ、CCM 一覧、状態ログ、セットアップ、ログアウト」があるが、計測ノードの設定は「セットアップ」メニューでの作業となる。設定には図 6 に示した A～D 部分のみを使用する。「セットアップ」→「ノード設定」メニューを選択すると図 7 の画面となる。

図 7 に示した説明順に、現在時刻変更、IP アドレ

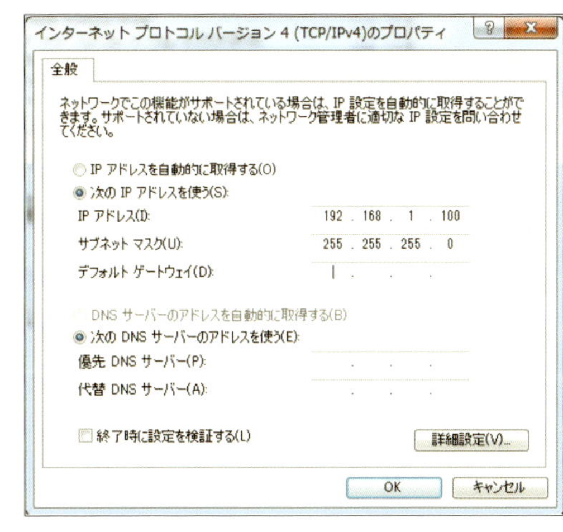

図 3　設定用 PC のネットワークアダプタ設定（Windows7 の例）

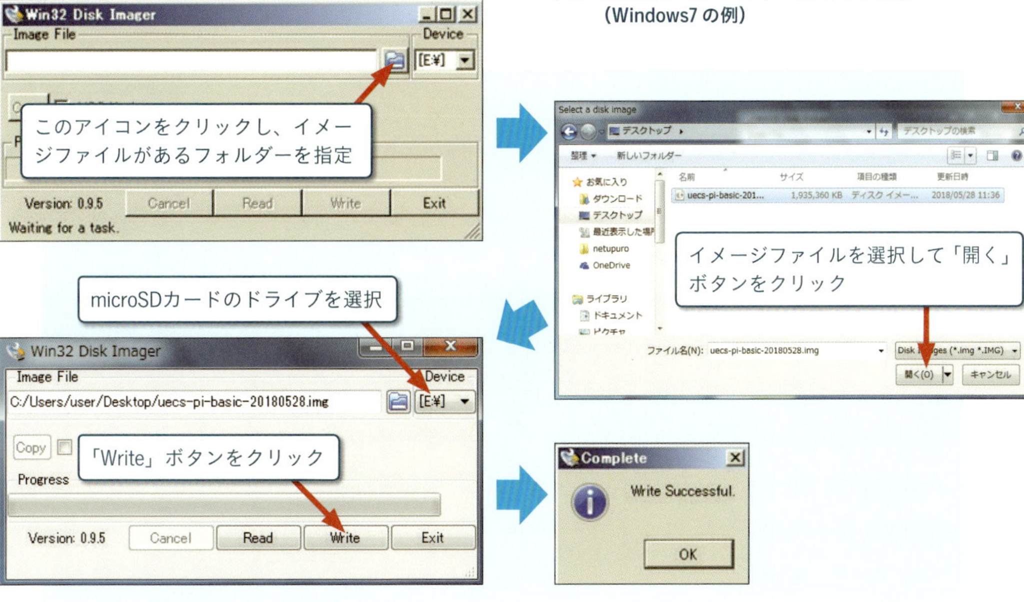

図 2　Win32 Disk Imager によるイメージファイル書き込み作業

環境計測ノードの設定方法

ス変更、地理情報の入力、ウォッチドッグ設定、モデル選択を行い、最後に保存をクリックする。

IPアドレスを変更した場合は、保存ボタンをクリックするとOSが再起動され、「192.168.1.70」ではアクセスできなくなる。変更したIPアドレスでアクセスしなおす必要がある。

3. センサー設定

ノード設定後、改めて変更したIPアドレス(192.168.1.60)でアクセスし、センサー設定を行う。

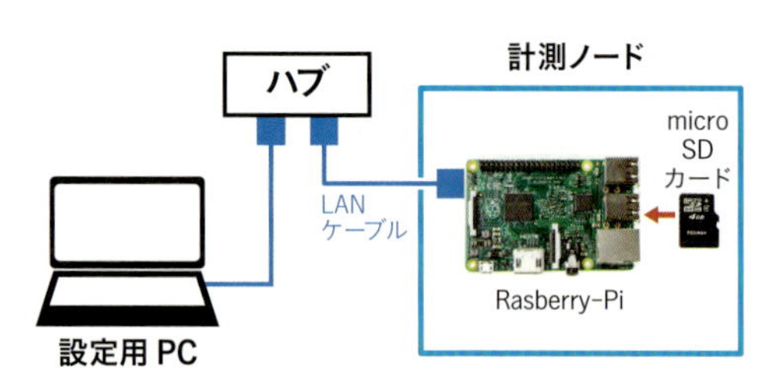

図4 接続イメージ図

(1) 温度/湿度センサー設定

メニューから「セットアップ」→「センサー設定[温度/湿度]」を選択すると、図8の画面となる。センサー種類を選び(ここでは、Sensirion SHT-2xを使用した場合を説明する)、必要な有効計測値にチェックすると、関連項目が表示される。図9の①〜⑳の説明順に内容を変更するが、説明がない項目については初期設定のままで良い。変更完了後は、必ず保存を行う。実際、保存した内容を計測ノードに反映させるためには、ノードを再起動させる(「ノード再起動」ボタンをクリック)必要があるが、すべての設定完了後、再起動させても構わないため、ここでは、最後のセンサー設定完了後に行うこととする。

(2) CO_2センサー設定

メニューから「セットアップ」→「センサ設定[CO2]」

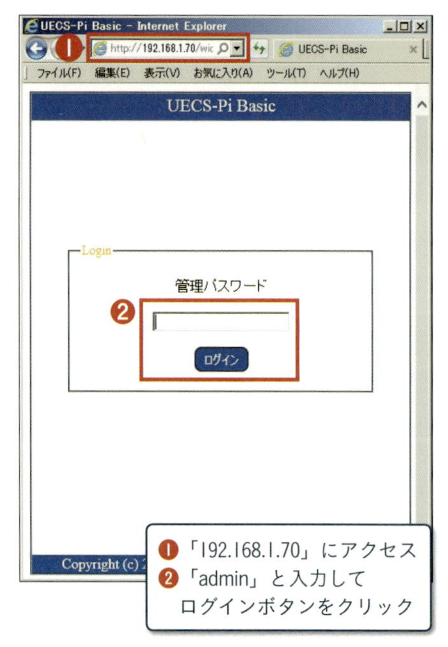

図5 UECS-Pi Basicの初期画面

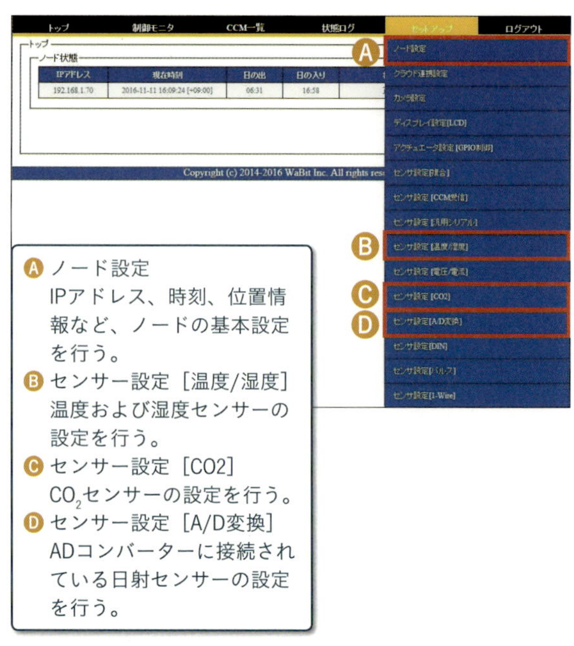

図6 設定メニュー画面

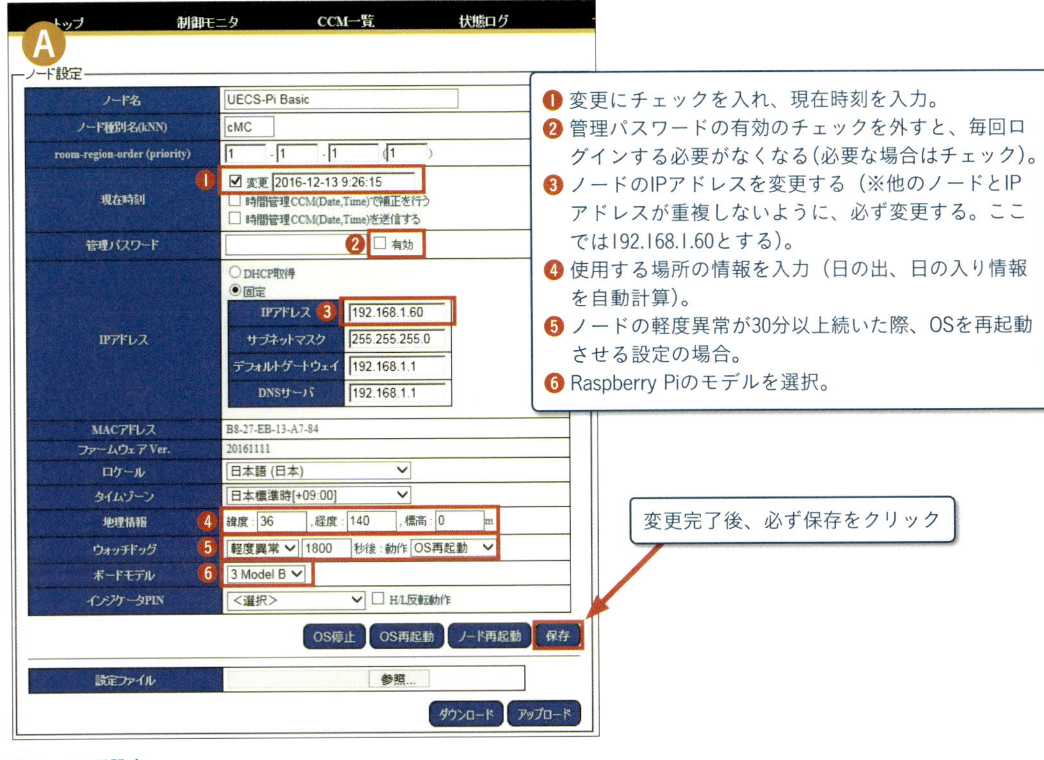

図7　ノード設定

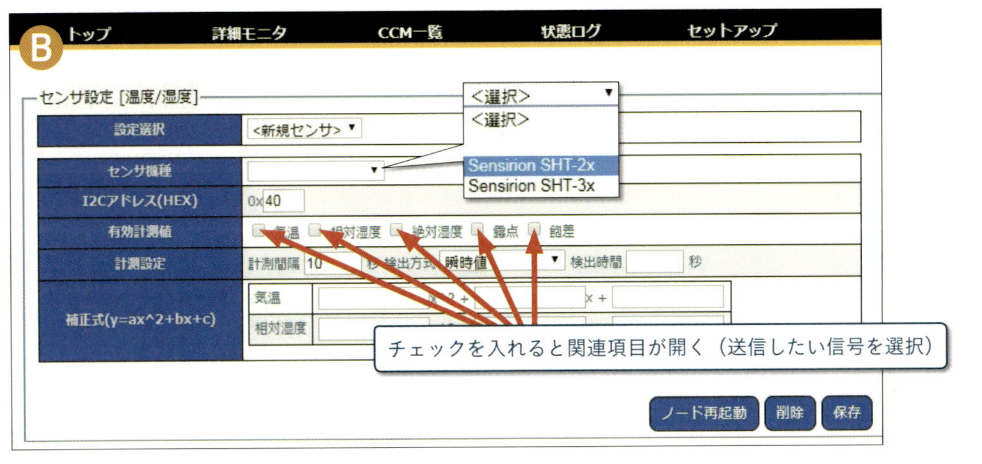

図8　センサー設定［温度 / 湿度］の初期画面

環境計測ノードの設定方法

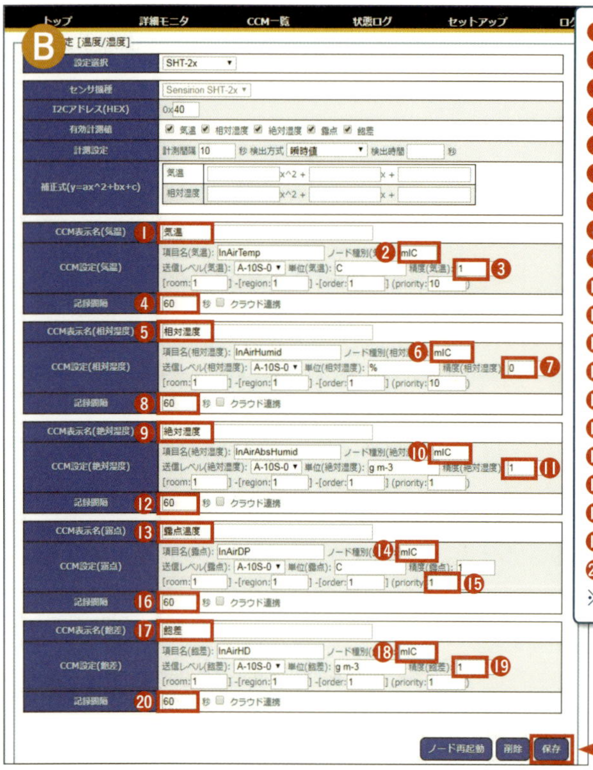

❶「気温」に変更（わかりやすい名前で構わない）
❷「mIC」に変更
❸「1」（小数点以下の桁数を選択）
❹「60」（記録間隔を60秒とする）
❺「相対湿度」に変更
❻「mIC」に変更
❼「0」
❽「60」
❾「絶対湿度」に変更
❿「mIC」に変更
⓫「1」
⓬「60」
⓭「露点温度」に変更
⓮「mIC」に変更
⓯「1」
⓰「60」
⓱「飽差」に変更
⓲「mIC」に変更
⓳「1」
⓴「60」
※その他の欄は初期設定のまま

変更完了後、必ず保存をクリック

図 9 センサー設定［温度 / 湿度］のアクセス画面

を選択すると、図 10 の上の画面となるが、センサー機種欄で使用したセンサーを選択すると（ここでは、ELT S-300 を使用した場合を説明する）、初期設定が入力される。図 10 の①～④の説明順に設定を行い、最後に保存ボタンをクリックする。

(3) 日射センサー設定

メニューバーから「セットアップ」→「センサー設定［A/D 変換］」を選択すると、図 11 上の画面となる。そのなかのセンサー機種から「Microchip MCP3424」を選択すると、図 11 中の画面となり、「入力 CH」を有効にすると、図 11 下の画面のように設定項目が開く。図の①～⑦の説明順に設定を行い、最後に保存ボタンをクリックする。

日射センサー設定後、保存すると、図 12 に示したように「保存されました。」の表示が出る。ここで計測ノードのための設定がすべて完了になるため、「ノード再起動」ボタンをクリックする。ノードを再起動後、トップ画面でノードの状態や測定値が正常に表示されているかを確認する。

4. 設定の保存および復元

(1) 設定ファイルの保存

UECS-Pi には設定内容のバックアップや復元ができる機能が備えられている。設定ファイルを保存す

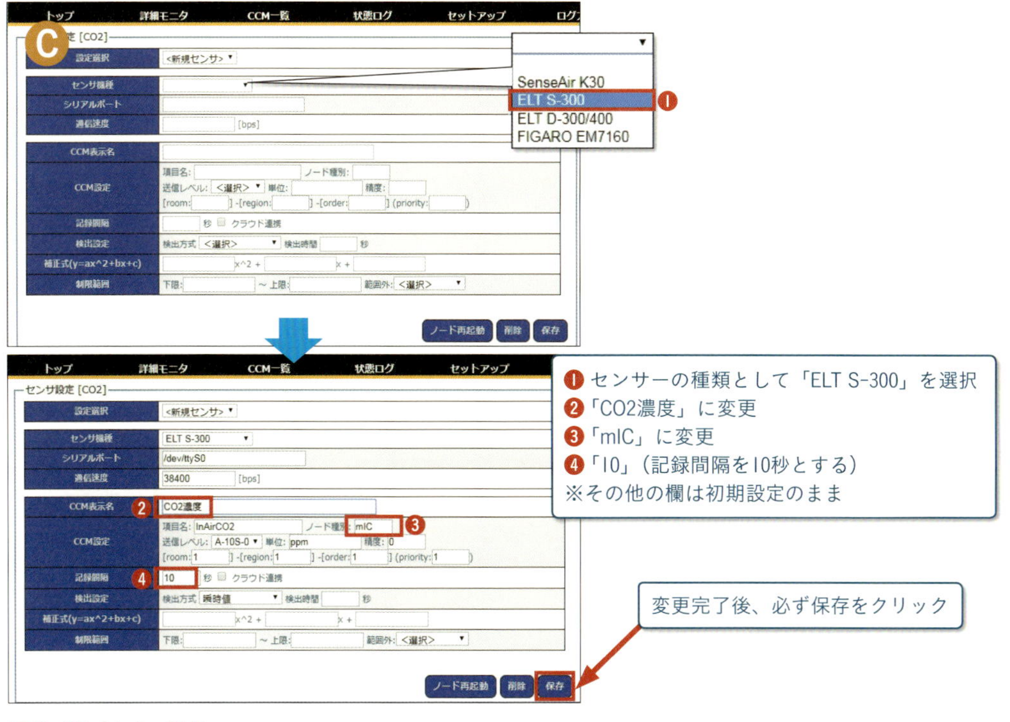

図10 CO_2 センサー設定

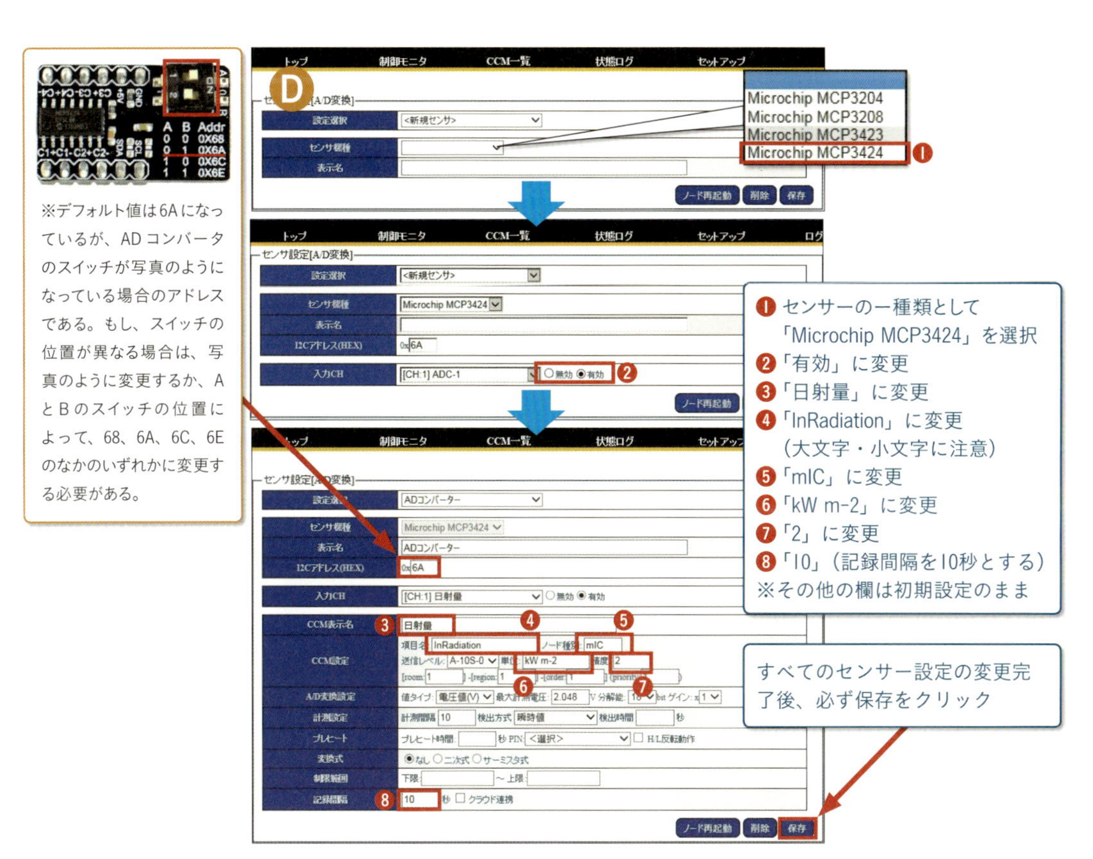

図11 日射センサー設定

環境計測ノードの設定方法

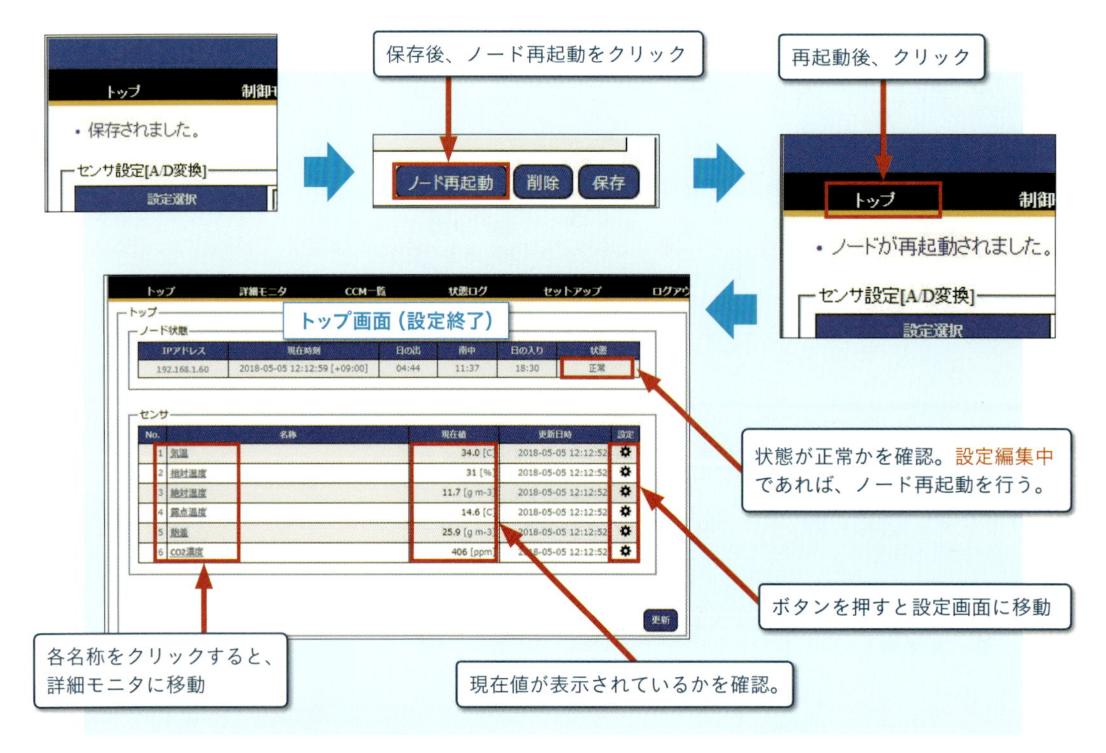

図 12　設定後のノード再起動および計測値の表示

るためには、すべての設定終了後、計測ノードの稼働状況が正常であることを確認し、「セットアップ」→「ノード設定」メニューにて、図 13 の①～④の説明順に設定ファイルを PC に保存しておく。

(2) 設定の復元

もし、計測ノードが動かなくなった場合や、電源を入れなおしてもアクセスができなくなった場合、経験上新たな microSD カードに変えると、直る可能性が高い。新しい microSD カードに変える場合は、まず、「1. ソフトウェアの書き込み」と「2. ノード設定」の作業まで行い、その後、図 14 の①～④の説明順に保存してあった設定ファイルを選択し、アップロードする。

5. 最後に

ここでは、30 ～ 43 ページで作成した環境計測ノードを動かすための設定方法のみを記載した。説明順に設定を変更して稼動させれば、計測が始まる。設定項目の解説や内容の変更理由などは省略しているため、詳細な解説が必要な方は、関連ページ（https://arsprout.net/uecs/uecs-pi-basic/）にアクセスし、「UECS-Pi Basic ユーザーマニュアル」（(株) ワビット）を参照していただきたい。また、ここでの説明は、2018 年 5 月 28 日に更新された UECS-Pi ファイルを使用した場合の説明であり、バージョンによっては、ファイル名や設定画面などが多少異なる可能性がある。

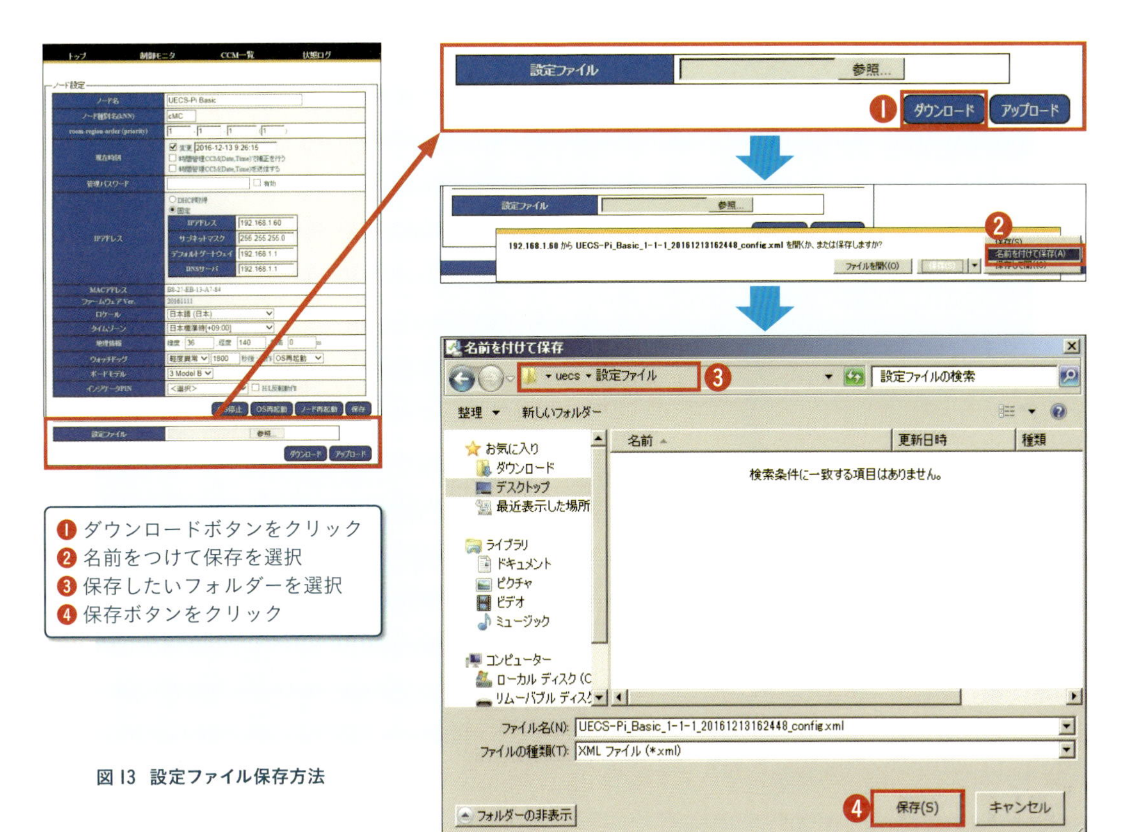

図13 設定ファイル保存方法

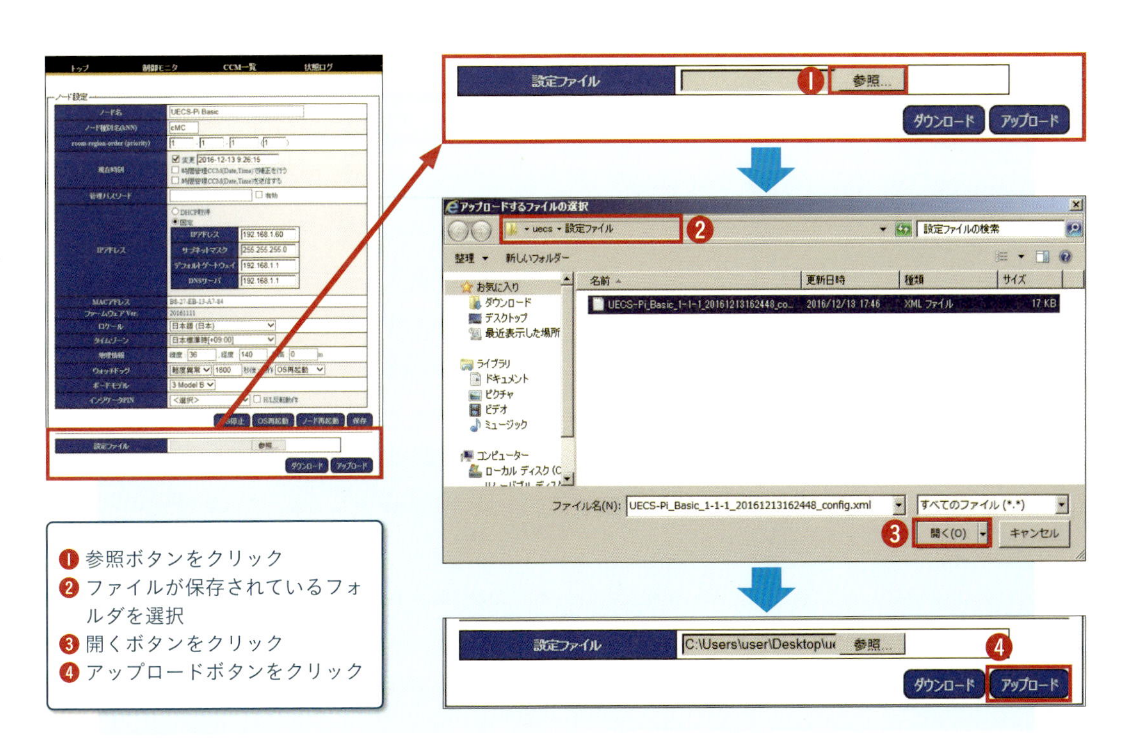

図14 設定の復元方法

環境制御ノードの設定方法 その1～窓の開閉制御～

栗原 弘樹

はじめに

この章では、44～55ページで製作した環境制御ノードの設定方法について解説する。図1に示したとおり、計測ノードから発信されるCCM信号(UECS規格の信号)を参照しながら環境制御機器を動作させる設定を紹介する。ここでは、天窓や側窓、カーテンのようにモーターなどを用いた開閉制御の設定について解説する。制御の仕組みとしては、Raspberry Piがリレーモジュールを制御し、そのリレーの動作によって機器を制御している形となっている。

設定の流れは、「ノードの設定」→「CCM信号の受信設定」→「換気窓制御の設定例」となっている。ここでの説明は44～55ページで製作した制御ノードを使用する場合の設定であり、計測ノードからデータが発信されている状態を仮定して解説する。

1. ノード設定

制御ノードの設定は、イメージファイル(UECS-Pi Basic Ver.20180528(※執筆時のバージョン))を書き込んだmicroSDカードをRaspberry Piにセットし、パソコンからアクセスして行うが、設定方法は計測ノードの設定(56～58ページ)と同様に行う。その後、設定用パソコンからノードの初期設定であるIPアドレス(192.168.1.70)にアクセスし、設定を行う。メニューのなかで、今回操作する項目は図2に示したものとなっている。図2のB「ノード設定」を選択すると、設定画面が表示されるので、計測ノードと同様な設定を行う(59ページ図7)。ただし、IPアドレスはパソコンや他のノードと被らないように注意する。UECSでは、ネットワーク内にパソコンおよび複数のノードが存在するため、それぞれに異なるIPアドレスを設定する必要がある(制御ノードのIPアドレスは192.168.1.61と設定)。

2. CCM信号の受信設定

前述したように、制御ノードはネットワーク上のCCM信号を参照し、制御を行うため、環境データのように制御に必要なCCM信号を登録する必要がある。まず、計測ノードから発信されているCCMを確認するため、計測ノードにアクセスし(192.168.1.60)、

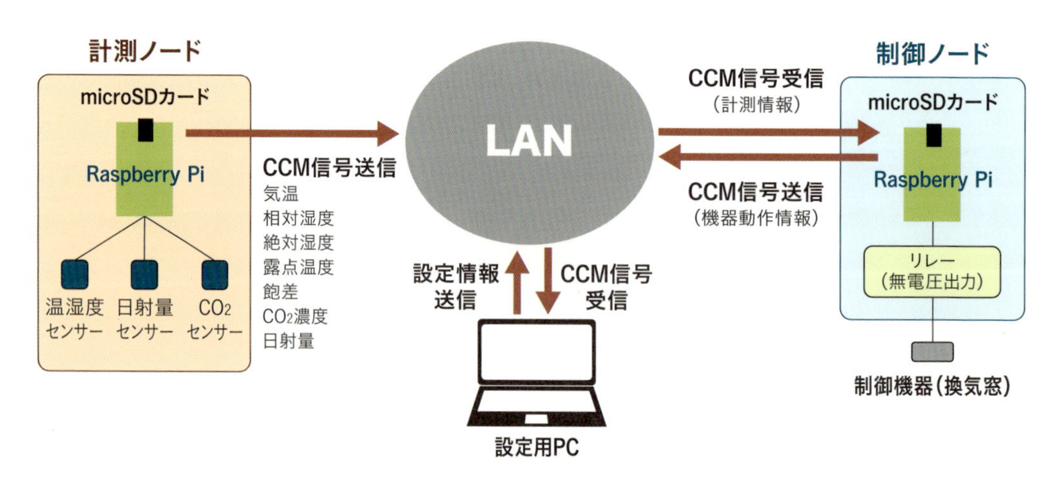

図1 ノードの仕組み

図2 設定メニュー画面

「CCM一覧」メニューを開く（図3）。例えば、気温のCCM信号は、「InAirTemp.mIC（1-1-1）[A-10S-0]」となっているが、InAirTempはCCM信号の項目名を、mICはノード種別、A-10S-0は送信レベル、1-1-1はroom-region-order番号を示している。この情報を参考にしながら、設定を行う。

制御ノードにアクセス後（192.168.1.61）、メニューから「セットアップ」→「センサー設定［CCM受信］」を選択すると、図4のA画面が開く。設定選択を<新規登録>にした状態で、図4右に示した説明順に設定を行い、「保存」し、「ノード再起動」をクリックする。同じ要領で、必要に応じて湿度やCO_2、日射などのCCM信号の受信設定を行う。設定終了後、トップ画面を確認すると、図4のBのように、センサー値が反映されていることが確認できる。

3. 換気窓制御の設定例

トップメニューから「セットアップ」→「アクチュエータ設定」をクリックすると、図5のページに移動する。動作タイプが「ON-OFF制御」、「ポジション制御」、「アナログ制御」の3種類あるが、天窓やカーテンなどのように目標位置を設定する機器は「ポジション制御」を選択する。選択した動作タイプによって

トップ　詳細モニタ　CCM一覧　状態ログ　セットアップ　ロ

-CCM一覧

No.	名称	CCM定義	S/R	現在値	更新時刻	期限切
1	UECS-Pi Basic	cnd.cMC (1-1-1) [A-1S-0]	S	0	2018-05-28 11:29:28	
2	気温	InAirTemp.mIC (1-1-1) [A-10S-0]	S	22.8 C	2018-05-28 11:36:58	
3	相対湿度	InAirHumid.mIC (1-1-1) [A-10S-0]	S	71 %	2018-05-28 11:36:58	
4	絶対湿度	InAirAbsHumid.mIC (1-1-1) [A-10S-0]	S	14.3 g m-3	2018-05-28 11:36:58	
5	露点温度	InAirDP.mIC (1-1-1) [A-10S-0]	S	17.1 C	2018-05-28 11:36:58	
6	飽差	InAirHD.mIC (1-1-1) [A-10S-0]	S	6.0 g m-3	2018-05-28 11:36:58	
7	CO2濃度	InAirCO2.mIC (1-1-1) [A-10S-0]	S	635 ppm	2018-05-28 11:29:28	
8	日射量	InRadiation.mIC (1-1-1) [A-10S-0]	S	0.21 kW m-2	2018-05-28 11:36:58	

図3 計測ノードのCCM一覧画面

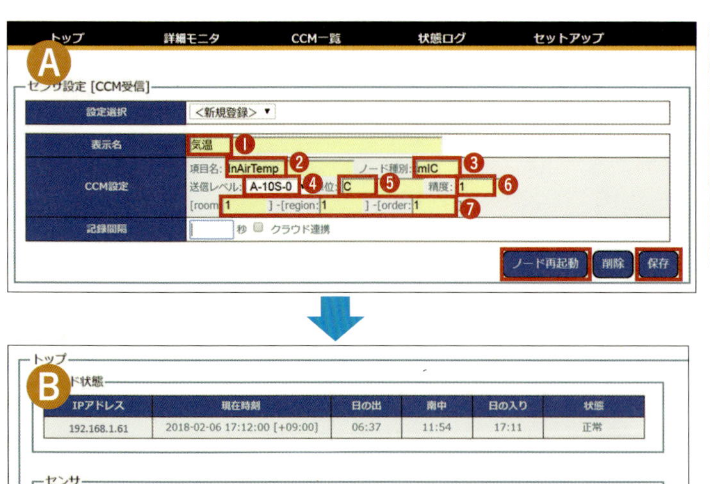

❶「気温」と入力（表示名は自由）
❷「InAirTemp」と入力
❸「mIC」と入力
❹「A-10S-0」を選択
❺「C」と入力（℃の代わり）
❻「1」と入力
（表示する小数点以下の桁数）
❼「1」「1」「1」と入力

図4 センサ設定［CCM受信］の設定画面（A）および設定後のトップ画面（B）

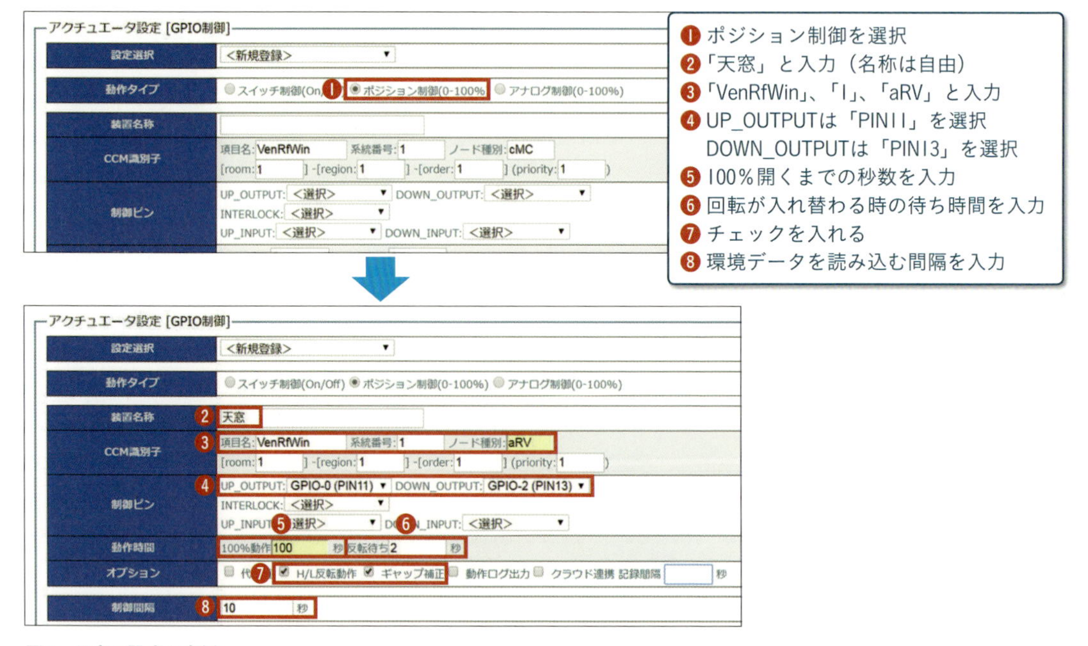

図5 天窓の設定の事例

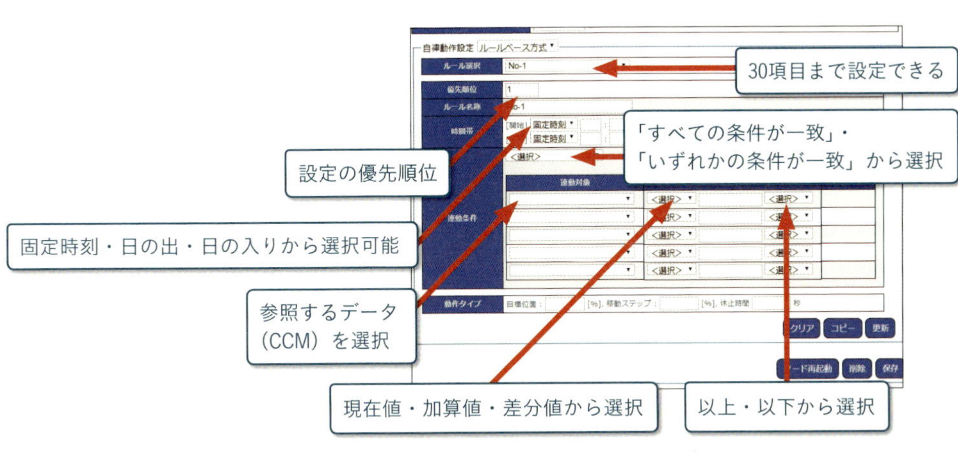

図6　自律動作設定画面（未入力時）

設定画面が変わる（図5、図6はポジション制御の画面）。

図5の手順で基本設定を入力していく。ポジション制御では開の動作でリレーが1つ、閉の動作でリレーが1つ必要なため、制御するピンも2つ必要になる。今回用いている制御ノードには開用のリレーに「PIN11」が、閉用のリレーに「PIN13」が接続されているため、図5の④のように選択している。また、100%動作時間という欄があるが、これには1度手動で天窓を動かして、止まるまで（天窓にリミッターが必要）の秒数を入力する。例えば、図5のように100秒と入力した場合、25%動作すると、実際に25秒間動く。また、モーター類は急に回転が反転するとヒューズが切れる場合があるので、反転待ち時間を設定する。図5では反転待ちが2秒となっているので、開から閉への切り替わりには最低2秒間モーターが停止する。

「アクチュエータ設定」の自律動作（図6）を設定することで、開閉の制御が可能である。図7には「開動作」の設定を、図8には「閉動作」の設定を示した。自律動作設定は30段階できるが、換気窓などは、今回のような設定方法で開と閉をそれぞれ

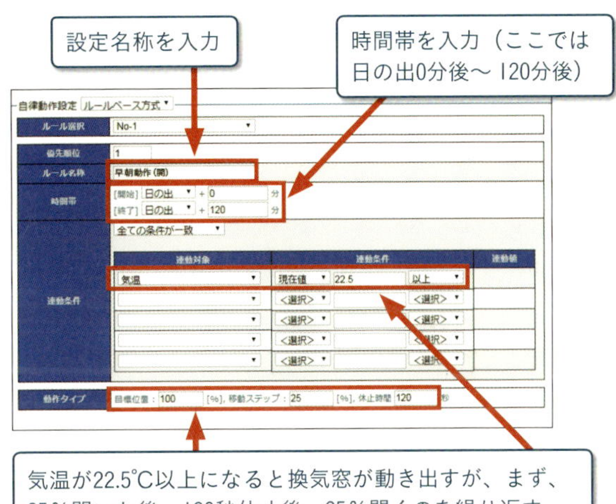

図7　自律動作設定（開動作の設定）

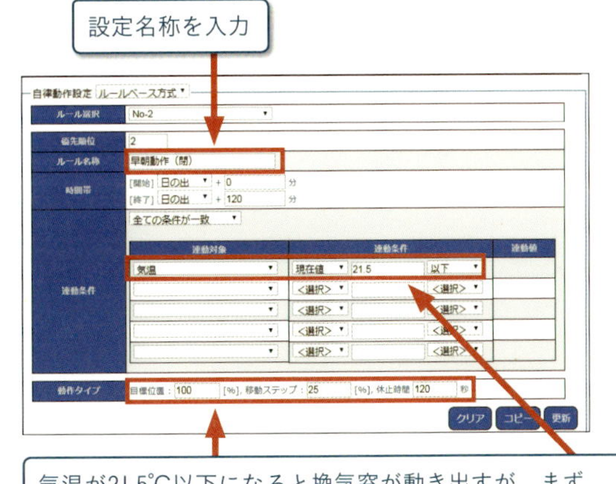

図8　自律動作設定（閉動作の設定）

設定する必要があるため、通常だと15段階までになる。また、開閉とも同じ温度設定だと頻繁に動いてモーターに負荷がかかるため、図7、8のように設定温度に多少の幅を持たせている。同じ要領で時間帯ごとに設定温度や動作設定を行う。

設定は1段階ごとに「保存」を行い、すべての設定が完了したら、「ノード再起動」を行う。設定完了後、図9のようにトップ画面から設定画面への移動や、設定一覧の確認画面に移動することができる。設定一覧画面で設定ミスがないか確認する。設定名称をクリックすると、その名称の設定画面に移動する。図9は、早朝の開閉、午前の開閉、午後の開閉、最低気温設定を行った例である。ここでの設定方法は一例であり、複雑な設定方法や機能を用いることで、より細かな制御を行うことができる。

制御ノードのスイッチが自動になっている場合（図10）、設定に従ってRaspberry Pi（GPIOピン）の信号が変わりリレーを制御する仕組みとなっている（図11）。手動運転の場合は、図10の上のスイッチを手動とし、下のスイッチを操作し開閉する。この場合は、電気信号がRaspberry Piを経由せず、直接リレーの切り替えを行うため、自動に戻す際はトップ画面に表示されている数字と実際の機器のポジションのズレに注意する（今回は使用していないインターロックモードを用いると、手動動作分も反映することができる）。

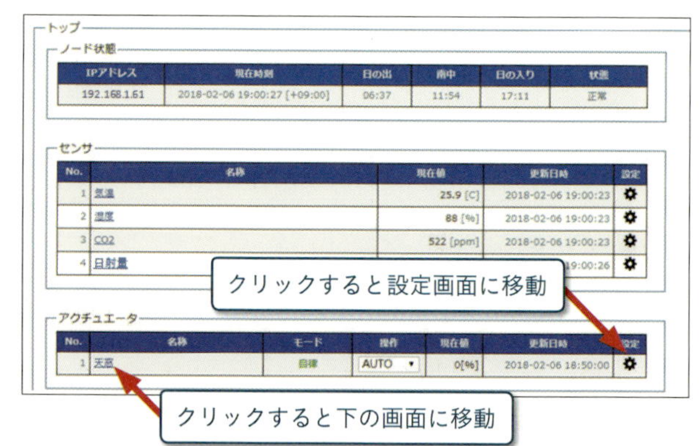

01:00 03:00 05:00 07:00 09:00 11:00 13:00 15:00 17:00 19:00 21:00 23:00

優先	設定名称	開始	終了	連動条件			動作
1	早朝動作（開）	日の出	日の出 [+120m]	AND	気温	現在値 [] >= [22.5]	100%[step:25%] [sleep:120s]
2	早朝動作（閉）	日の出	日の出 [+120m]	AND	気温	現在値 [] <= [21.5]	100%[step:25%] [sleep:120s]
3	午前動作（開）	日の出 [+120m]	12:00	AND	気温	現在値 [] >= [24.5]	100%[step:25%] [sleep:120s]
4	午前動作（閉）	日の出 [+120m]	12:00	AND	気温	現在値 [] <= [23.5]	0%[step:25%] [sleep:120s]
5	午後動作（開）	12:00	日の入り [-60m]	AND	気温	現在値 [] >= [26.5]	100%[step:25%] [sleep:120s]
6	午後動作（閉）	12:00	日の入り [-60m]	AND	気温	現在値 [] <= [25.5]	0%[step:25%] [sleep:120s]
7	最低気温設定	00:00	23:59	AND	気温	現在値 [26.1] <= [18]	0%[step:25%] [sleep:120s]

設定名称をクリックすると設定画面に移動する。

図9 詳細モニタ画面

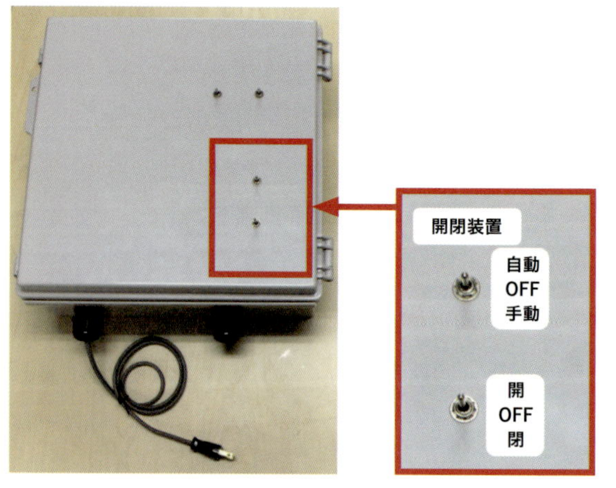

図10 制御ノード

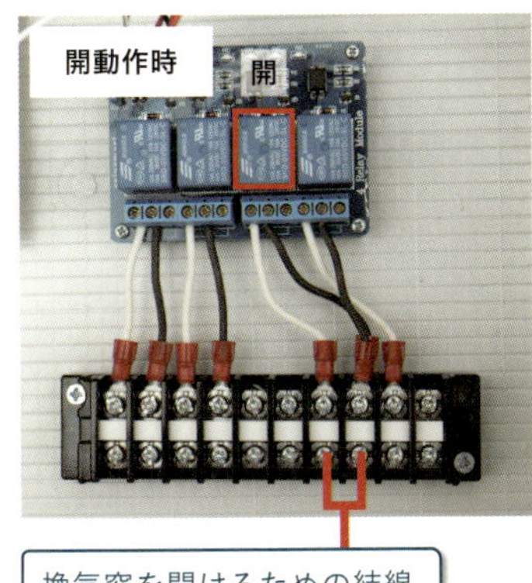

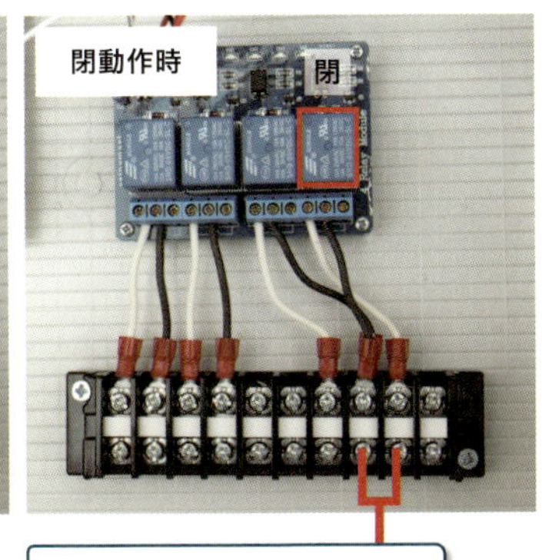

図 11　リレー制御の仕組み

（注）リレーより先の結線などについては、制御機器の種類によって異なる場合があり、機器の破損や誤作動の原因となるため、制御機器の製造元への問い合わせや電気工事の資格を有した専門業者への工事依頼が必要となる。

UECS-Pi Basic

トップ　詳細モニタ　CCM一覧　状態ログ　セットアップ　ログアウト

CCM一覧

No.	名称	CCM定義	S/R	現在値	更新時刻	期限切
1	UECS-Pi Basic	cnd.cMC (1-1-1) [A-1S-0]	S	0	2018-02-06 18:50:00	
2	天窓 [opr]	VenRfWinopr.1.aRV (1-1-1) [A-1M-1]	S	0	2018-02-06 18:50:00	
3	天窓 [rcA]	VenRfWinrcA.1.aRV (1-1-1) [S-1M-0]	R		--	
4	天窓 [rcM]	VenRfWinrcM.1.aRV (1-1-1) [S-1S-0]	R		--	
5	気温	InAirTemp.mIC (1-1-1) [A-10S-0]	R	25.6 C	2018-02-06 19:03:33	
6	湿度	InAirHumid.mIC (1-1-1) [A-10S-0]	R	89 %	2018-02-06 19:03:33	
7	CO2	InAirCO2.mIC (1-1-1) [A-10S-0]	R	521 ppm	2018-02-06 19:03:33	
8	日射量	InRadiation (1-1-1)[A-10S-0]	R	0.16 kW m-2	2018-02-06 19:03:36	

図 12　設定完了後の CCM 一覧

4. 最後に

ここでは、44 〜 55 ページで製作した環境制御ノードを動かすための設定方法を解説したが、計測ノードの気温データを基に開閉を制御する単純な事例である。

設定が完了し、制御ノードの CCM 一覧を見ると、天窓［opr］という CCM 信号が追加される（図 12）。機器の運転状況も CCM 信号として発信されるため、この信号の CCM 受信設定を行えば、気温と暖房機情報によるカーテン制御や、湿度に応じて換気窓と暖房機を組み合わせた除湿のための換気制御など、環境要因と制御機器の運転状況による複雑な複合環境制御が可能である。

UECS ノードの設定には CCM 信号の決まりごとなどがあるため、UECS 規約に従うことをお勧めする。UECS 規約は UECS 研究会ホームページ（http://uecs.jp/uecs/uecs-5.html）からダウンロードできる。

環境制御ノードの設定方法

その2 〜CO_2施用などのオン・オフ制御〜

農研機構 安 東赫

はじめに

制御ノードのポジション制御に続き、オン・オフ制御に関する設定について説明する。ここでの説明はポジション制御と同様に44〜55ページで製作した制御ノード（図1）を使用する場合の設定であり、計測ノードからデータが発信されている状態を仮定して解説する。図1の青い点線部分の2つのスイッチに関わる設定であり、それぞれCO_2発生装置の制御と暖房機の制御について設定する。

簡単に制御ノード設定作業を改めると、図2に示したように、イメージを書き込んだmicroSDカードをRaspberry Piに設置して稼動させ、PCからIPアドレスや位置情報などノードの基本設定を行う（詳細は57〜59ページを参照）。その後、参照するCCM信号の受信設定をし（詳細は64〜65ページを参照）、最後にアクチュエータ設定を行う。換気窓（天窓）制御の設定まで終わっているため、設定用PCから制御ノードのIPアドレスにアクセスすると（192.168.1.61）、図3のような初期画面が表示される。

ここではCO_2発生装置の制御設定と暖房機の制御設定の例を紹介する。

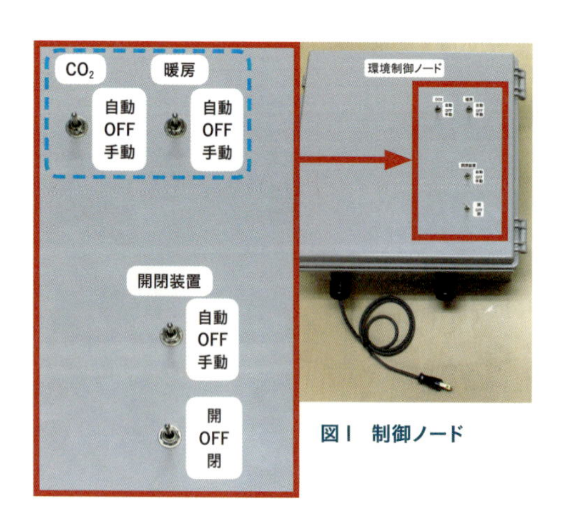

図1　制御ノード

1. CO_2発生装置の制御設定

ここで行うCO_2発生装置の制御内容としては、日の出から日の入りまでの時間帯にハウス内のCO_2濃度を一定以上に制御することである。窓の開閉状況や外部日射の強弱によって設定濃度を変動させる複合的な制御とする。

まず、メインメニューの「セットアップ」のなかにある「アクチュエータ設定［GPIO制御］」を選択すると、図4の初期画面が表示される。CO_2制御を新規登録するため、図4①〜⑪に示した順に入力し、保存する。

ここまでの設定によって、日の出30分後〜日の入り30分前の間にCO_2濃度が400ppmを下回るとCO_2発生装置が稼動することになる。

図4に示した設定を行ってから保存すると，自律動作設定のNo-1が「最低CO_2濃度」に変わっていることが確認できる。もし、CO_2を日射や天窓と連動させて制御したい場合は、「ルール選択」設定を行う必要がある。図5に示したようにNo-2を選択すると、No-2の初期画面が表示されるため、図6のNo-2設定に示した説明順に設定を変更し、保存をクリックする。ルール選択No-3も同じ要領で番号順に設定を行う。No-2の「弱日射時のCO_2制御」とNo-3の「強日射時のCO_2制御」が加わることによって、日の出30分後〜日の入り30分前の間にハウス内CO_2濃度は、窓の開

イメージファイルのダウンロード（UECS-Pi Basic）
↓
microSDカードへの書き込み
↓
Raspberry Piにセット
↓
設定用PCからのアクセス
↓
ノード設定
↓
CCM受信設定
↓
アクチュエータ設定

図2　制御ノード設定作業の流れ

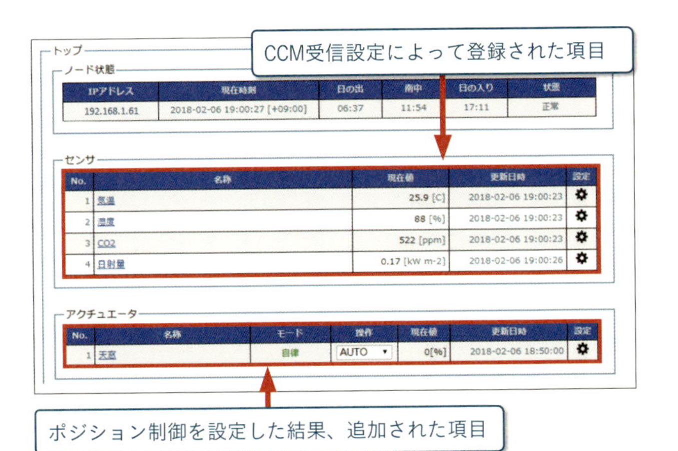

図 3　初期画面設定

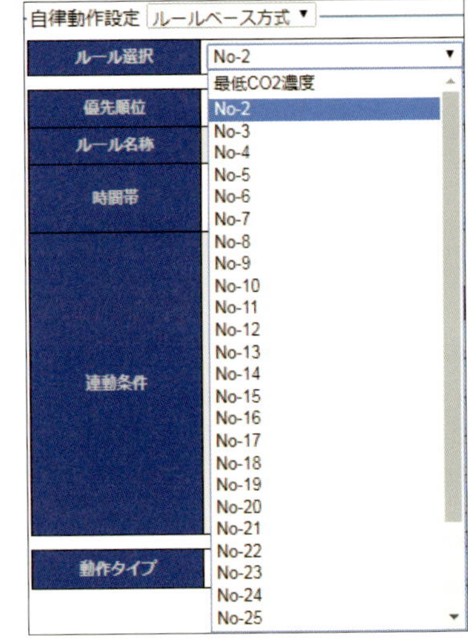

図 5　自律動作設定

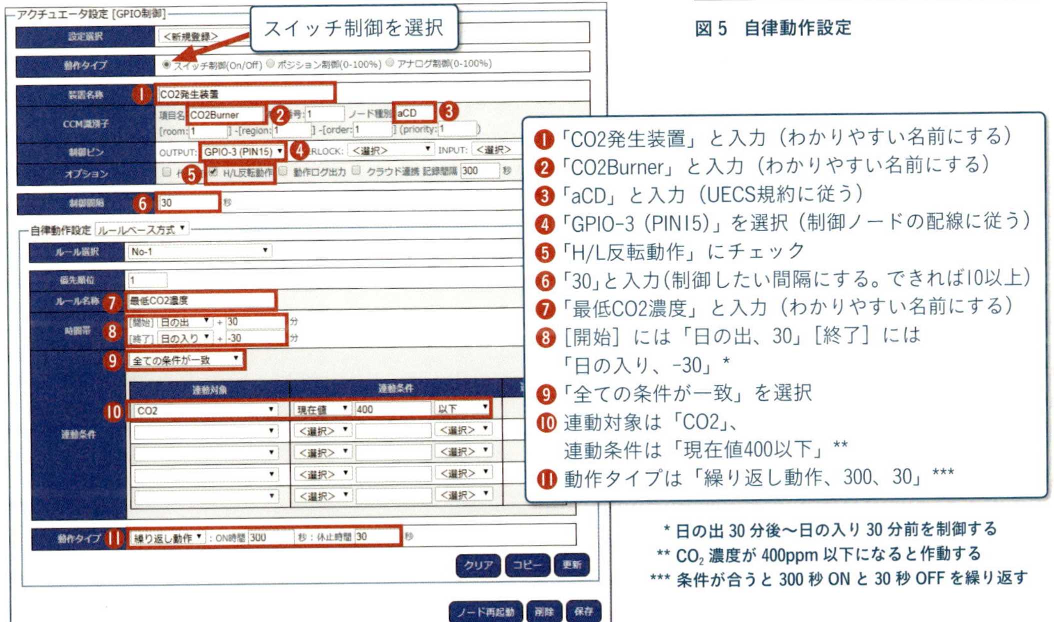

図 4　アクチュエータ設定および自律動作設定 1（CO_2 濃度制御）

閉にかかわらず、400ppm 以下で CO_2 発生機が稼動するように制御するが、窓が閉まった時には CO_2 濃度が 500ppm 以下で稼動するように制御する。さらに、窓が閉まっていて日射が 0.2 kW/m^2 以上では 600ppm 以下で作動するようになる。このように日射が強い条件下では、光合成が活発になるため、CO_2 濃度を高め、光合成を促進させることにする。自律動作設定にはルール選択の 30 項目の設定が可能であるため、日射条件によってさらに細かく設定することも可能である。その時には、優先順位や設定内容に矛盾が生じないように注意する。

ここでは、燃焼式 CO_2 発生装置を使用することを仮定して設定したため、動作タイプ（図 4 の⑪、図 6 の⑤）ON 時間を長く設けている。もし、CO_2 生ガスを使用する場合は、電磁弁の開閉によって制御を行うため、施用方法によっては ON 時間を短くするなど工夫が必要である。さらに、施設の規模や形状によっては、CO_2 施用後、センサー値に反映されるまでに時間がかかる場合があるため、休止時間を適切に調節し、過剰な濃度上昇を避ける。

環境制御ノードの設定方法 その2～CO_2施用などのオン・オフ制御～

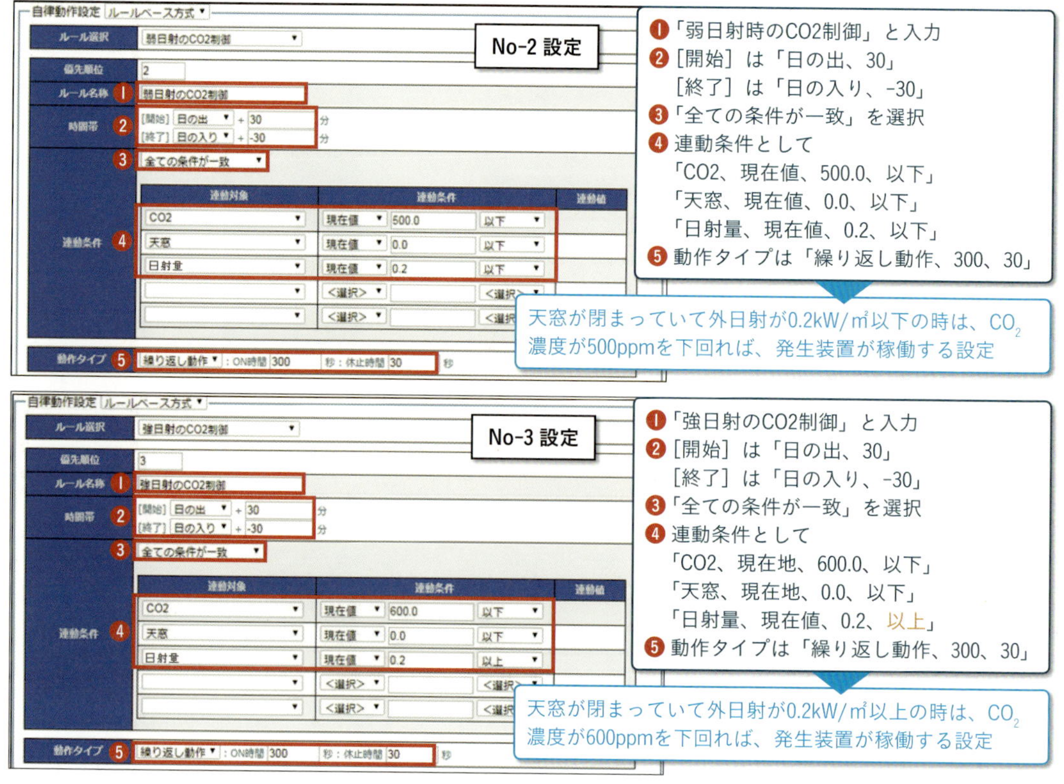

図6 CO_2制御の自律動作設定 2、3

2. 暖房機制御設定

暖房機の制御内容としては、日の出の3時間前から徐々に温度を高めていき午前中は19℃、午後は20℃、日の入り後は13℃以下で、暖房機を稼動する内容である。図7には、今回行う暖房設定（赤線）と68ページの図9の天窓に掲載した天窓設定（青線）を一緒に示した。今回、CO_2制御や暖房制御でも日の出・日の入り時間を活用して設定を行っているが、このような設定を使用するためには、ノード設定の際、位置情報を入力する必要がある。

暖房機の設定もCO_2発生装置の設定と同様、アクチュエータ設定を行う。メインメニューの「セットアップ」のなかにある「アクチュエータ設定［GPIO制御］」を選択し、図8①～⑥の説明どおり設定する。④の制御ピン番号は、制御ノードの製作時、リレーと結線したRaspberry Piピン番号であるため、配線と設定が合わないと、制御ができなくなるので注意する。次は、図9に示した「自律動作設定（ルールベース方式）」の設定を行う。番号順に入力を行うが、ここで示した内容と異なる設定をする場合は、制御したい時間帯や参照する連動対象、設定温度など、内容に矛盾が生じないよう注意しながら設定を行う。ルール選択の部分を変えながら番号順に変更していくが、各番号の設定が終わるごとに保存ボタンをク

図7 暖房設定の内容

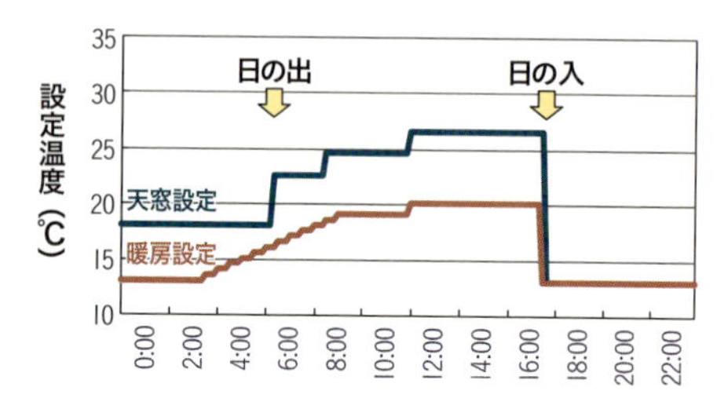

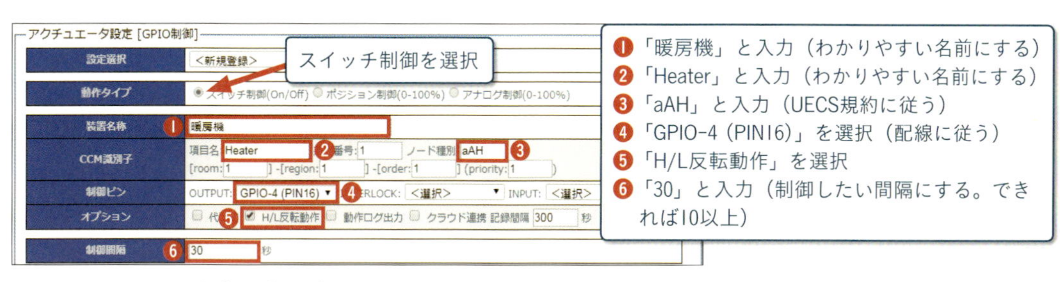

図8　アクチュエータ設定（暖房機制御）

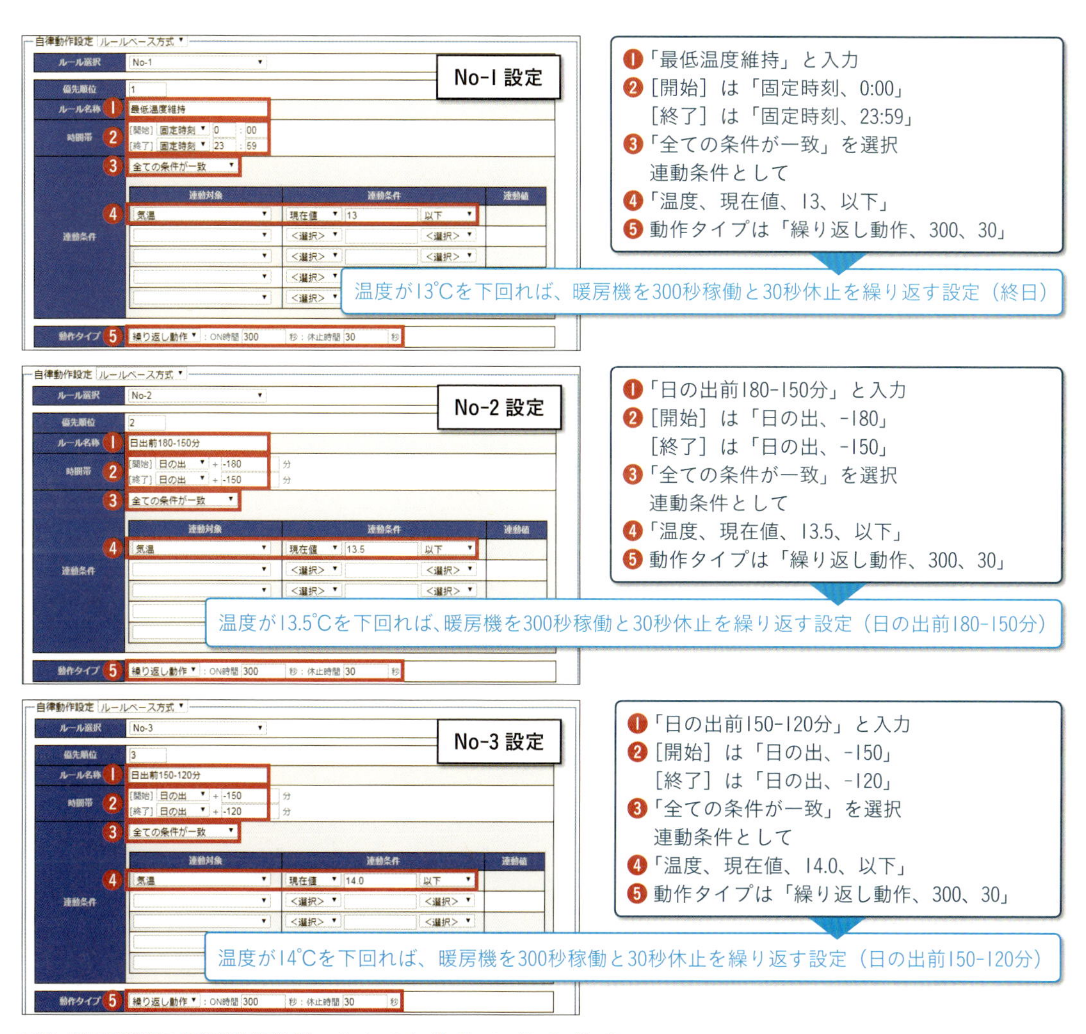

図9　暖房機制御の自律動作設定（ルールベース方式）No-1、No-2、No-3

リックする。図7に示した赤線のとおりに設定するためには、No-1～No-14までの設定が必要である。図9のNo-1～3までの設定と同じ要領で、図10に示した残りの番号に対し、時間帯や設定温度を変更していく。各設定後は保存し、すべての設定が終わったら、「ノード再起動」をクリックする。今回は、日の出前180分～日の出後150分の間、30分ごとに設定温度を0.5℃ずつ変動させたが、前述したとおり、自律動作設定（ルールベース方式）にはルール選択が30項目まで設定が可能であるため、もっと細かく設定することも可能である。

ここまでの設定を終えてノード再起動後、トップ画

環境制御ノードの設定方法 その2～CO_2施用などのオン・オフ制御～

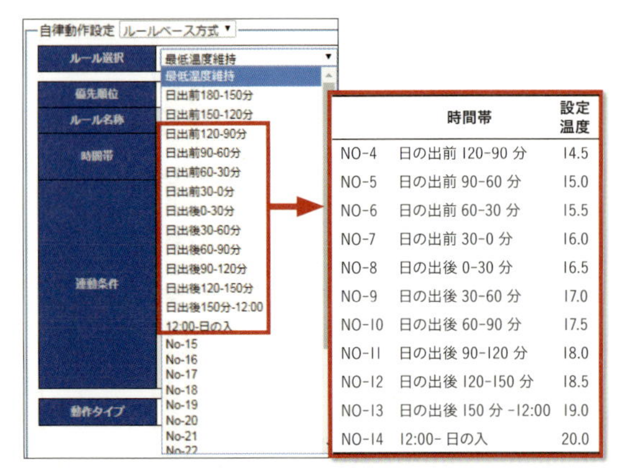

	時間帯	設定温度
NO-4	日の出前 120-90 分	14.5
NO-5	日の出前 90-60 分	15.0
NO-6	日の出前 60-30 分	15.5
NO-7	日の出前 30-0 分	16.0
NO-8	日の出後 0-30 分	16.5
NO-9	日の出後 30-60 分	17.0
NO-10	日の出後 60-90 分	17.5
NO-11	日の出後 90-120 分	18.0
NO-12	日の出後 120-150 分	18.5
NO-13	日の出後 150 分 -12:00	19.0
NO-14	12:00- 日の入	20.0

図 10 自律動作設定 4 ～ 14

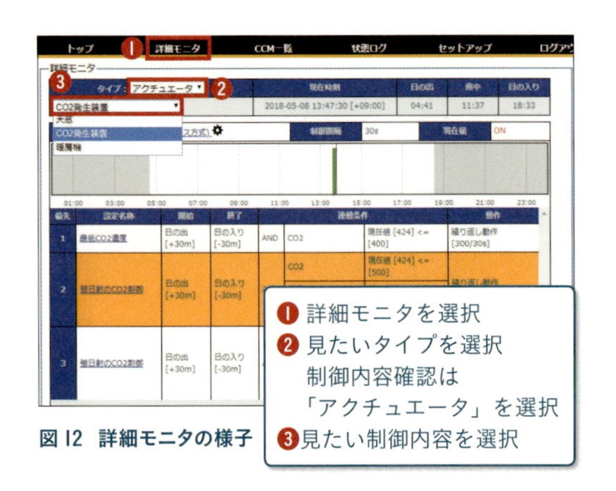

図 12 詳細モニタの様子

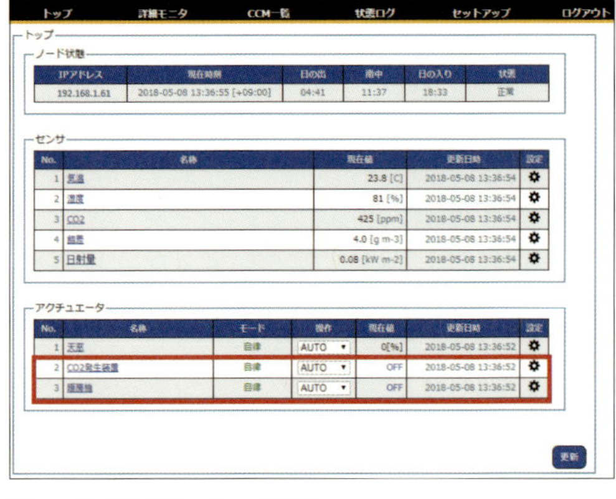

図 11 設定終了後のトップ画面

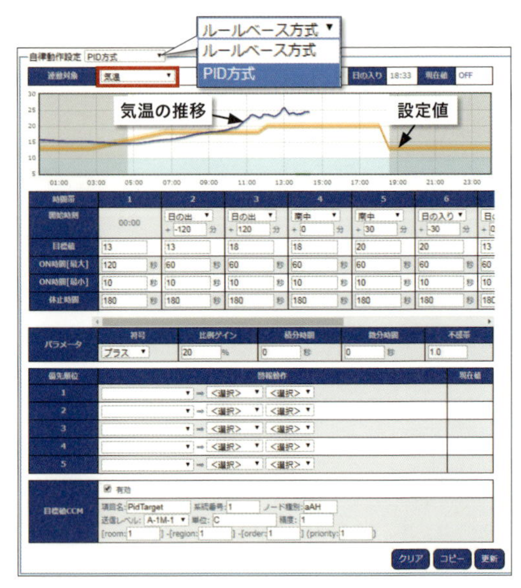

図 13 PID 制御の事例

面を確認すると、図 11 のような画面となる。今回の設定によって「CO_2 発生装置」と「暖房機」がアクチュエータに追加されているのが確認できる。

メインメニューの「詳細モニタ」からは、設定したすべての制御内容を確認することができる。図 12 に設定終了後の詳細モニタを示した。「CO_2 発生装置」や「暖房機」、「天窓」のように制御機器別に設定の詳細が表示されている。すべての設定名称についてはそれぞれ詳細設定にリンクされているため、制御内容の修正が容易になっている。また、「詳細モニタ」には、機器の稼動状況や設定値、現在値が表示されているため、設定の間違いを判断しやすくなっている。ここで説明した方法は自律動作設定が「ルールベース方式」を選択した場合であり、この方法だと階段状の設定しかできず、さらに細かく設定する場合は、ルール選択数がさらに多くなる。一方、自律動作設定には「ルールベース方式」の他に「PID 方式」(75 ページ※参照)が設けられており、少ない設定で目標値までの緩やかな制御が設定できる。まず、自律動作設定窓の「PID 方式」を選ぶと、図 13 のような設定画面に変更される。暖房制御であるため、連動対象欄は「気温」を選択し、開始時刻や目標値、動作方法、パラメータなどを設定すると、7 つの時間帯の設定だけで図 13 のグラフに示したオレンジ色の線のような制御が可能になる。また、下部にある「目標値 CCM」を設定すると、PID の設定値がネット上に送信され、UECS の信号としても活用できる。

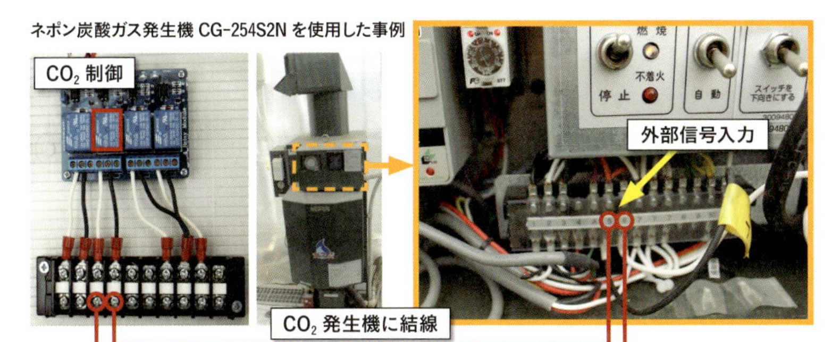

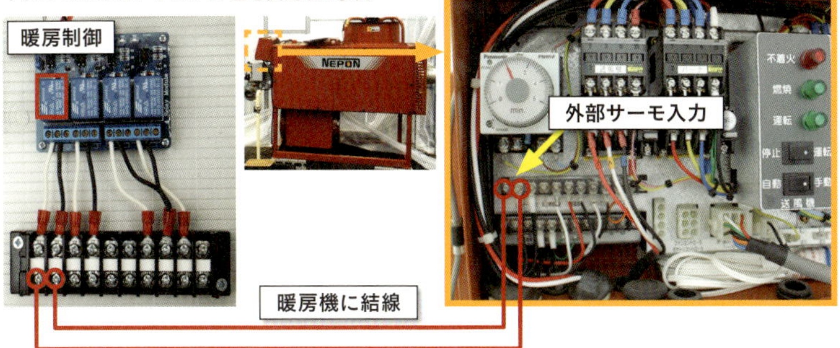

図 14　制御ノード内のリレーと制御機器との結線事例

制御ノードと制御機器との配線などについては専門的な知識を要する。間違った配線は、機器の故障や事故につながる可能性があるため、実際の設置においては、製造メーカーや専門業者などに問い合わせることをお勧めする。

※ PID 方式
PID 制御 (Proportional-Integral-Differential Controller)：制御工学におけるフィードバック制御の一種。入力値の制御を出力値と目標値との偏差、その積分、および微分の 3 つの要素によって行う方法のこと。P 制御、I 制御、D 制御を用いて、目標値に素早く到達させるとともに、目標値と出力値の差を少なく維持するための制御。

3. 配線事例

ここからは、制御ノードと実際に使用する制御機器（CO_2 発生装置および暖房機）との結線について紹介する。今回の事例では、CO_2 発生装置としてネポン株式会社の炭酸ガス発生機を、暖房機としてネポン（株）のハウスカオンキを用いた。制御機器のなかには、この事例で使用した CO_2 発生装置や暖房機のように、無電圧出力で制御ができるように外部信号の入力端子が設けられている。こうした機器の場合は、単純にリレーユニットと外部信号入力端子を結線（無付加配線）すれば良い。実際の結線の様子を図 14 に示した。

制御ノードには CO_2 制御用として、Raspberry Pi とリレーユニットのなかの 3 チャンネル目（左から 2 番目）とが配線されているため、図 14 の上のように端子台と CO_2 発生装置側の「外部信号入力」端子を結線する。

暖房制御の場合は、Raspberry Pi とリレーユニットのなかの 4 チャンネル目（左から 1 番目）が配線されているため、図 14 の下のように端子台と暖房機側の「外部サーモ入力」端子を結線する。

製作した制御ノードのリレーユニットは、無電圧出力となっているため、無電圧出力で制御できない場合は、リレーユニットと機器の間に制御に必要な外部電源の結線が必要になる（有付加配線）。

4. 最後に

CO_2 発生機や暖房機以外にも、ポンプやバルブなど、オン・オフ制御を用いる機器は数多く、CO_2 発生機や暖房機の設定と同じ要領で、応用が可能であるが、機器の特性や制御方法などをよく理解した上で設定を行う必要がある。

ここまで計測ノードおよび制御ノードの製作方法や設定方法について解説した。まずは、解説通りに製作して設定すれば、施設内の環境計測やある程度の制御は可能になる。しかし、“計測はちゃんと行われているか”、“制御機器は設定どおりに作動しているか”を把握することが最も重要である。環境計測・制御において、センサーの計測値や機器の運転状況などは制御に使われる重要な情報であるため、情報の信頼性維持や適切なメンテナンスが必要である。

Arduinoを活用した UECSノードの作成

農研機構 黒崎 秀仁

1 Arduinoとは

Arduino（アルディーノ）とは2005年からイタリアで開発が始まり、世界的に広く普及した教育用マイコンボードである（図1）。これは本来、回路技術やマイコンの動作を学生が実証するための教材であったが、その汎用性の高さと安価さ、扱いやすさから多くのユーザーを獲得し、IoTブームの火付け役となった。2010年代になると日本でもユーザー数が増加し、教育用、ホビー用、そして一部では産業用としても利用されるようになった。

Arduinoと似たコンセプトを持つマイコンボードとして、同様に教育用として開発されたRaspberry Piがあり、2018年現在では両者がそれぞれの特徴を活かして共存し、活用されている。ArduinoはRaspberry Piと比べると、単純な構造で機種が多く、回路やソフトウェアの設計情報が公開されており、合法的に複製可能である一方で、Raspberry Piは一部の設計情報が非公開かつ複製はできない。Raspberry Piは高性能で有用だが、Raspberry Piにのみ依存するとハードウェアの製造元に何らかのトラブルがあった場合や、未知の不具合が露呈した場合にUECSの開発プラットフォームを失う危険性がある。開発プラットフォームの供給を安定させる意味から、2種類のマイコンボードを併用して開発を進めている。

Arduinoは複製が許可されているために、ユーザーが独自のArduinoを製造することが可能であり、ハードウェアの供給が止まることはない。純正品以外にもコストダウンを図ったものや、改良されたArduinoの互換機も多数販売されており、通信販売で簡単に購入できる。拡張性にも優れており、Arduinoに対応したデバイスが無数にあり、その利用方法やソフトウェアも数多く公開されている。

ただし、Arduinoを使いこなすにはスケッチと呼ばれるC言語に類似したプログラミング言語の習得が必要であり、UECS-Piが利用可能で、Webベースですべての設定ができるRaspberry Piと比べると、玄人向けの開発プラットフォームといえる。

以上をまとめると、Arduinoを用いることの利点は入手の容易さ、単純な構造ゆえに故障しにくいということ、拡張性が高く様々な用途に利用できるということ（図2）、そして世界中に広く普及しているためにユーザー数が多く、開発に関する情報が豊富だという点が挙げられる。

2 ArduinoをUECSノード化するには

以降は、ArduinoをUECSノード化する具体的な手順を紹介するために、気温、湿度、飽差を同時に計測可能なセンサーノードの作成方法を示す。このマイコンボードはPCでソフトウェアを開発し、それをUSB経由で転送してArduino側で動作させることができる。プログラムは不揮発性メモリに記録されるので、電源を切っても消えることはない。一度書き込め

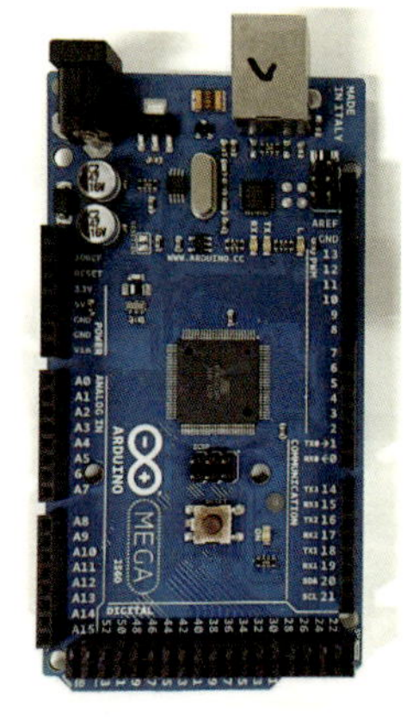

図1　最も販売数が多い基本モデルのArduino UNO（左）と上位機種のArduino MEGA（右）

図2　Arduino用シールド（機能拡張基板）の例

ばPCから取り外しても電源さえ接続すればArduino単体で何度でもプログラムどおりの動作をさせることができる。また、本稿で紹介するUARDECSの機能を用いれば、ArduinoにUECSに準じたプロトコルの通信機能を実装するとともに、簡易的なWebサーバ機能を付与し、IPアドレスやその他の様々な設定値を不揮発性メモリに記録したり、Webベースで設定値を変更したりすることができる。

3　開発用PCへのソフトウェアのインストール

Arduino用の開発環境はすべてフリーソフトウェアを利用して構築できる。Windows用とLinux用が提供されているが、以降はWindows用を前提として説明する。Windows 7以降のOSを搭載したPCを開発機として使用する。最初のインストール手順はやや煩雑だが、一度一通りのソフトウェアをインストールすれば後は再利用できる。

1. Arduino IDEの入手とインストール

Arduino純正開発ツールであるArduino IDEのダウンロードは、公式サイト"https://www.arduino.cc/"から行える。上のメニューから"SOFTWARE"→"DOWNLOADS"を選び、出てきた画面から"Windows Installer, for Windows XP and up"と書かれた行をクリックする。次の画面で"JUST DOWNLOAD"をクリックすると、インストーラーつきのファイルを入手できる。2018年5月現在ではバージョン1.8.5が最新版である。このIDEを開発用PCにインストールすることで、Arduinoの開発環境と、接続用のドライバが得られる。

2. UARDECSのインストール

Arduinoに容易にUECSのプロトコルを実装するために、開発用ライブラリ"UARDECS"が農研機構、近畿大学、岡山大学、九州大学の共同で開発された。このライブラリを使えば通信部分の実装の手間を省くことができる。配布は"http://uecs.org/arduino/uardecs.html"から行われているのでこれをダウンロードする。次に開発用PCのユーザーのドキュメントフォルダのなかに"Arduino"フォルダが、さらにその下に"libraries"フォルダができていることを確認する。次に、zip形式で配布されているUARDECSのファイルを解凍して、出てきた"libraries"フォルダの中身（UARDECSとUARDECS_MEGA）を最初に確認した"Arduino"フォルダ下の"libraries"フォルダにコピーする。

3. イーサネット用ライブラリのインストール

Ethernet Shield 2用のライブラリをインストールす

Arduinoを活用した UECSノードの作成

る。Arduino IDEを起動し、上のメニューから“スケッチ”→“ライブラリをインクルード”→“ライブラリを管理”を選ぶ（図3上）。しばらく待つと図3下の画面になるので、右上の検索欄に“Ethernet2”と入力する。すると赤枠で示した項目が表示されるので、これをクリックして出てくるインストールボタンを押す。すると、Ethernet2ライブラリが自動的にダウンロードされてインストールされるので、完了後に“閉じる”ボタンを押す。

4. テストツールのダウンロード

UECSパケットアナライザ（UecsRS210）を入手する。http://uecs.org/arduino/uecsrs.html からzip形式のものをダウンロードし、これを開発用PCで解凍して、実行できるようにしておく。なお、最初に実行するとファイアウォールの警告が出ることがあるが、許可する。

4 Arduinoを使ったノードの作成

この実験に最低限必要な材料は、Arduino UNO、Ethernet Shield 2、USBケーブル、LANケーブル、そしてブレッドボードとジャンパーケーブル4本である。これらは様々な通販サイトで購入できる。センサーにはストロベリー・リナックス社のSHT-31センサモジュール（https://strawberry-linux.com/catalog/items?code=80031）を使う。

Arduino UNOではプログラムメモリに余裕がないので、もっと複雑なプログラムを組む必要がある場合は、容量の大きい上位機種のArduino MEGAが必要になる。Arduinoには多数の機種があるが、本稿執筆時点で、開発用ライブラリUARDECSが正式に対応しているのはArduino UNOとArduino MEGAおよびその互換機なので、利用可能なのはこれらの機種に限られる。古いバージョンのArduinoや、それを基に作られた互換機ではUSB端子の近くのSCL、SDAというピンがないものがあり、本稿で紹介する実験では支障を来すので誤って購入しないこと。

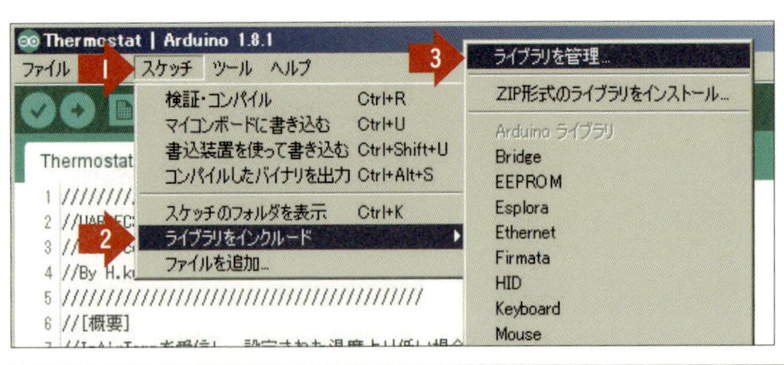

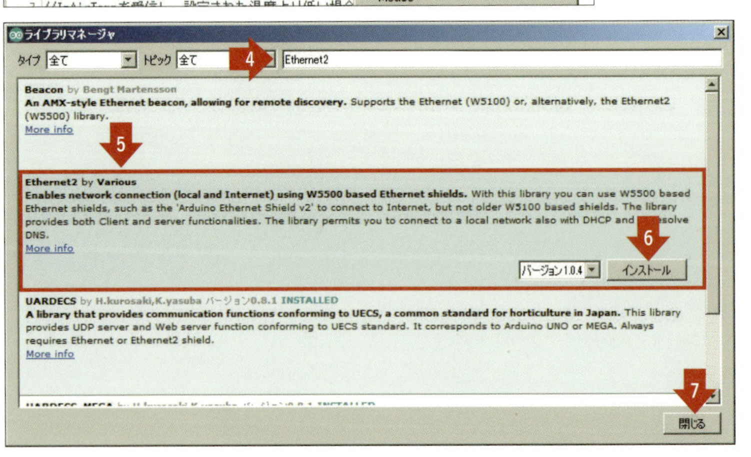

図3 イーサネット用ライブラリのインストール手順

図 4　Ethernet Shield 2 の装着
（左：Arduino MEGA　右：Arduino UNO）

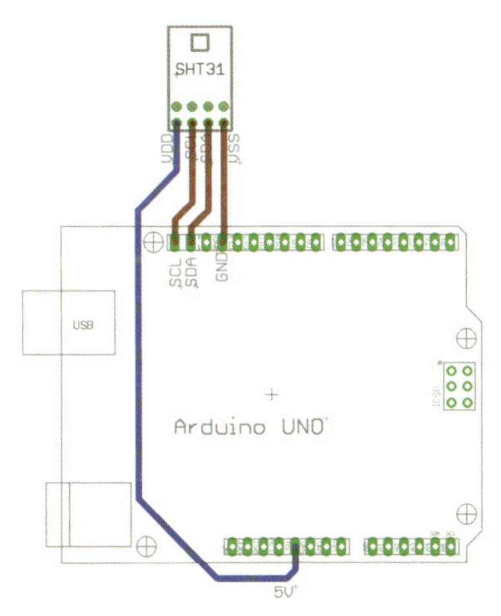

図 5　SHT-31 モジュールへの配線
（配線図の Arduino は
Ethernet Shield 2 を
装着したものとみなすこと）

1. Ethernet Shield 2の装着

Arduino には単体でイーサネット接続機能がないので、拡張基板を用いて機能を追加する必要がある。そこで、Arduino UNO または MEGA に Ethernet Shield 2 を装着する。図 4 のように Arduino の上に重ねて装着する。MEGA ではピンが余るが、その状態で正常なので、USB 端子の側に詰めて装着する。

2. SHT31をArduinoに接続

Sensirion SHT-31 は温度と湿度を同時測定できるセンサーであり、温室内の環境計測に便利である。しかし、SHT-31 は非常に小さいセンサーで、そのままでは取り扱いに難があるので、これを基板に取りつけて使いやすくした“SHT-31 モジュール”と呼ばれるものが複数のメーカーから販売されている。今回の例ではストロベリー・リナックス社のモジュールを使用しているが、他社製品でもピンの順番が異なるだけで使い方はほとんど変わらない。SHT-31 のピンの名称はマニュアルに記載されている。

使用するピンは 4 本のみであり、Arduino の 5V を SHT-31 の VDD に、Arduino の GND を SHT-31 の VSS に、SDA、SCL は同名のピンどうし、図 5 のように結線する。Arduino MEGA でもピン数が増えているだけで、同じ名前のピンがあるので、それらを結線する。なお、他社製品の SHT-31 モジュールでは VDD を VIN、VSS を GND と記載しているものもある。

3. Arduino をPCへ接続

Arduino を USB 端子で PC に接続すると、初めて接続した時はドライバのインストールが行われる。特に 500mA 以上の電流を消費するものや、5V よりも高電圧が必要なデバイスがない限り、PC からの電力供給で Arduino を動かせる。次に、Ethernet Shield 2 にイーサネットケーブルを接続して、PC に直結する。この段階では、PC の IP アドレスは 192.168.1.7 以外の値であればどんな値でも問題ない。

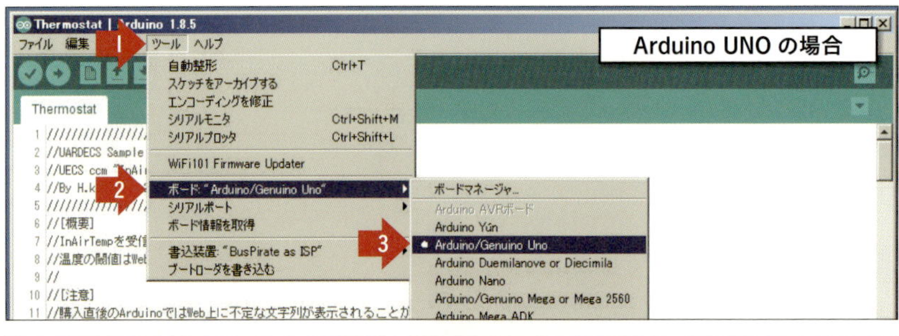

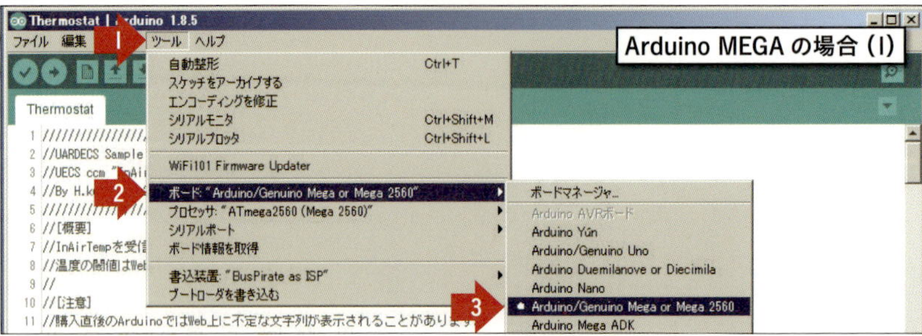

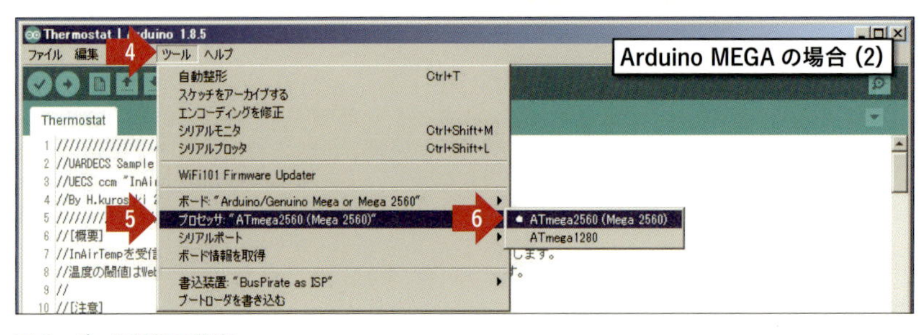

図 6　ボード種類の設定

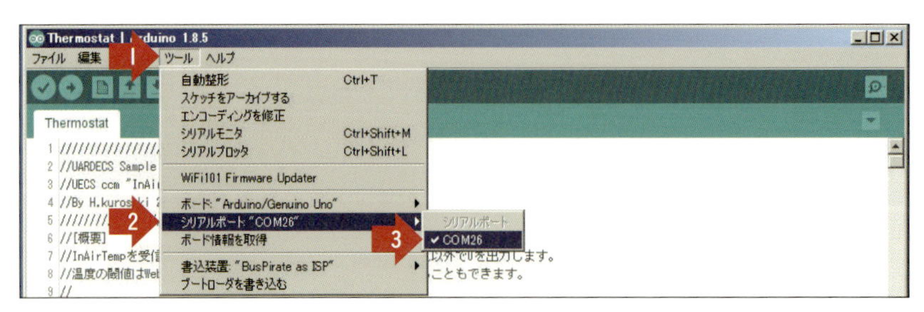

図 7　シリアルポートの設定

4. Arduino IDEの設定を変更する

使用するArduinoの種類に応じてArduino IDEの設定の変更する必要がある（図6）。Arduino UNOでは上のメニューから“ツール”→“ボード”→“Arduino/Genuino UNO”を選択する。Arduino MEGAでは“ツール”→“ボード”→“Arduino/Genuino MEGA or MEGA 2560”を選択した後、“ツール”→“プロセッサ”→“ATmega2560（MEGA2560）”を選択する。

次に、シリアルポートの設定に移る（図7）。ArduinoをPCにUSB接続している場合、“ツール”→“シリアルポート”の所に“COM○○”（○○は数字）という項目が出現するのでそれを選択する。しかし、PCの構成によってはここに複数のCOMが出現する場合があり紛らわしい。このような場合、ArduinoをPCに取りつけたり外したりしてみて、変化があるものが正しい選択肢である。以上の設定が間違っていると、プログラムのコンパイルに成功してもArduinoへの書き込みに失敗する。

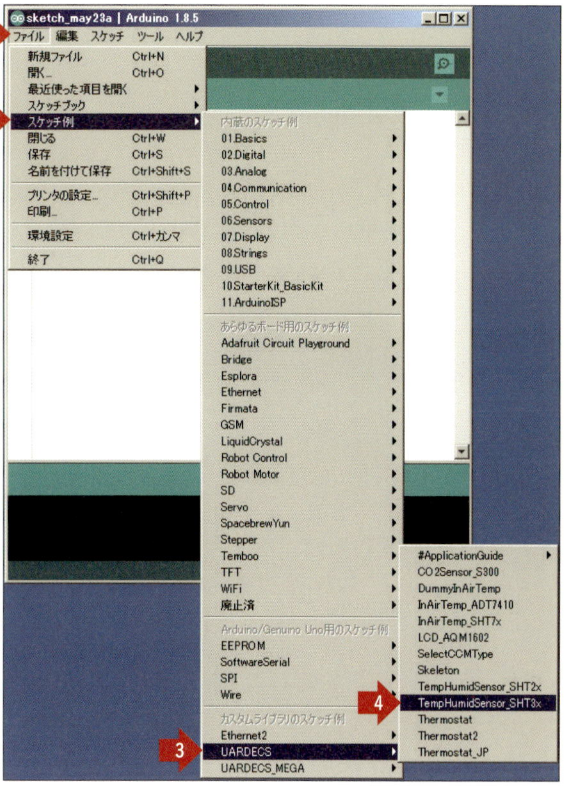

図8　サンプルプログラム（TempHumidSensor_SHT3x）の読み込み

5. サンプルプログラムの読み込み、コンパイル、実行

UARDECSにはSHT-31を利用するためのサンプルプログラムが用意されている。“ファイル”→“スケッチ例”→“UARDECS”→“TempHumidSensor_SHT3x”を選択することで読み込むことができる（図8）。

コンパイル前に書き換えが必要な場所がある。“U_orgAttribute.mac[0] =0x……”という行が複数あるが、ここにEthernet Shield 2の裏側に貼られているMACアドレスを入力する必要がある。このアドレスはシールドの個体ごとに異なる。次に、Arduino IDEのウィンドウ上部にある“→”ボタンを押すことで、プログラムのコンパイルが始まり、成功すればArduinoにプログラムが転送され書き込まれる。この時、ウィンドウ下部に“書き込みに成功しました。”と表示される。次に、PCとArduinoがLANケーブルでつながっていることを確認した後、テストツールUecsRS210を起動する。もし、正常にArduinoが動作していれば図9のような画面が表示される。“cnd.mIC”という文字列を含む行が1秒に1回表示され、10秒に1度、“InAirTemp”、“InAirHumid”、“InAirHD.mIC”といった文字列を含む行が表示される。この“InAirTemp”が気温、“InAirHumid”が湿度、“InAirHD.mIC”が飽差を表している。

6. Webブラウザによる設定変更

これまでの設定は動作検証用のもので、ノード

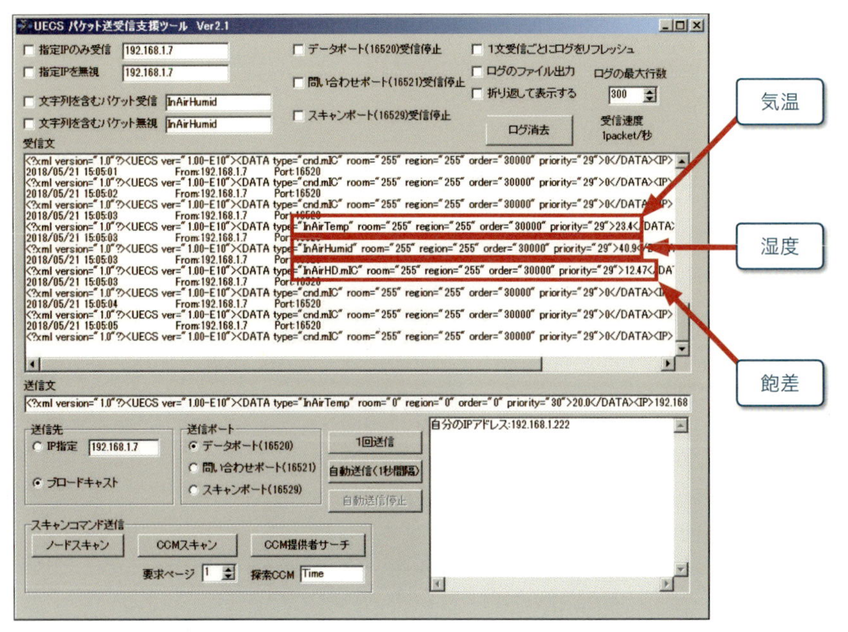

図 9　プログラムの動作確認
（テストツール UecsRS210 の実行画面）

の IP アドレスは 192.168.1.7、サブネットマスク 255.255.255.0 に強制的に設定されるようになっているが、このままでは不便である。サンプルプログラムでは D3 ピンを IP アドレス強制設定用のスイッチに使っているので、IP アドレスを自由に設定するには以下のいずれかの操作が必要である（もし、ノードの IP アドレスがわからなくなった場合、下記とは逆の操作で強制的に 192.168.1.7 にできる）。

① D3 ピンと GND を接続して Arduino を再起動する。
② “const byte U_InitPin_Sense=HIGH;” と記述されている行の “HIGH” を “LOW” に書き換えてプログラムを再転送する。

それから、PC の IP アドレスを Arduino 側と同一サブネットに設定する。例としては、PC の IP アドレスを 192.168.1.1、サブネットマスクを 255.255.255.0 などに書き換える。PC の IP アドレスの設定方法は、Windows のバージョンによって異なるので、ネット上の資料を参照すること。また、これらの設定の意味が詳しくわからない場合、変更前の設定をメモしておき、実験が終わったら元に戻すことをお勧めする。

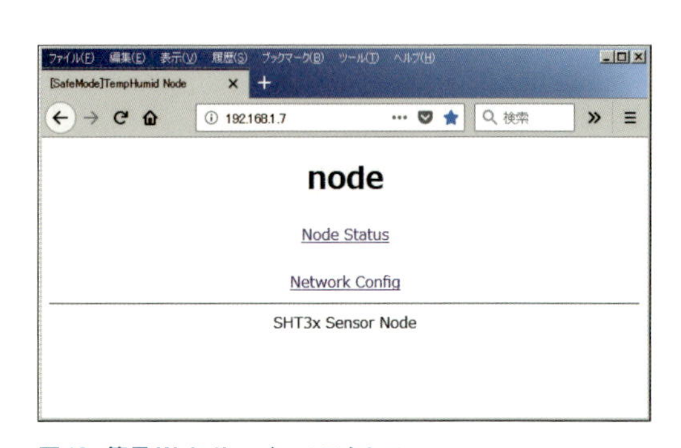

図 10　簡易 Web サーバへのアクセス

PC 上の Web ブラウザを起動し、URL 入力欄に “192.168.1.7” と入力してアクセスすると図 10 のよう

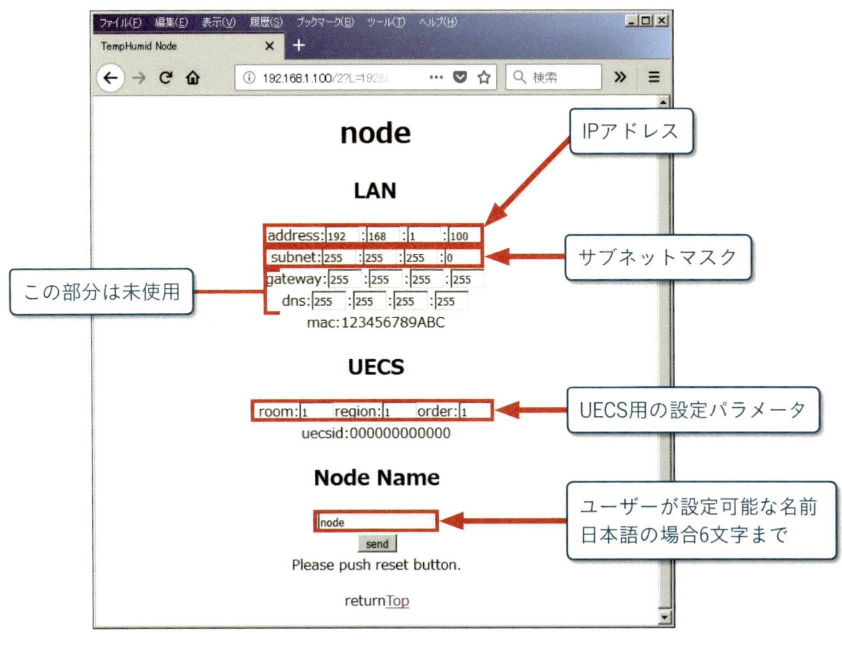

図 11　設定例

な画面が表示される。もし、正常にアクセスできない場合、「(5) サンプルプログラムの読み込み、コンパイル、実行」の手順でMACアドレスの設定を正しく行ったか確認する（これを怠ると、PCにLANケーブルを直結した時は正常動作しても、ハブを介するとアクセスできないことがある）。また、UecsRS210実行時に表示される“From:”以降のアドレスが192.168.1.7以外の場合、そのアドレスをURL欄に入力する。

正常にアクセスできた場合、“Network Config”を選ぶ。すると、図11の画面が表示されるので、IPアドレス、サブネットマスク、そしてUECS用の設定パラメータ（room、region、order）を入力して“Send”ボタンを押す（gateway、dnsは未使用パラメータ）。すると、“Please push reset button.”と表示されるので、Arduinoのリセットボタンを押す。以降はIPアドレスが変更される。これらの設定は電源を切っても保持される（注意：過去にUARDECSで開発したプログラムを書き込んだArduinoには、過去に設定したIPアドレスが残ることがある）。

ノードのトップページから“Node　status”に入ることで図12の画面になり、CCMの値を確認できる。今回のノードはセンサーノードなので、送信CCMしか存在しないが、受信CCMが存在する場合はここから受信状況を確認できる。また、このページからフォームに設定を入力して、動作を変えられるノードも存在する。

7. ノード単体での動作方法

これまでは、Arduinoへの電力供給はPCからUSB端子を利用して行っていた。プログラム書き込み後にArduino単体で動かす場合、USBの電力のみで動作可能なノードはスマートフォンの充電アダプタなどを利用してUSB端子に通電すると良い。さらに、ハウスのなかで利用するには防水性のある容器に入れなければならないが、ここでは例（図13）を示すのみで容器の設計は割愛する。気温を正確に測定する場合は発熱のあるArduino本体からセンサーを離し、ファンによる強制通風などの機構も必要になってくる。例えば12VのDCファンを扱う場合、12VのACアダプタ（秋月電子 AD-M120P100）などをArduino のDCジャックに接続する。Arduino

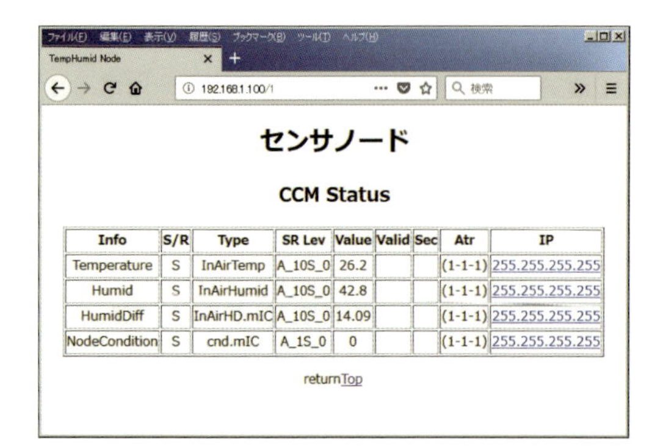

センサノード

CCM Status

Info	S/R	Type	SR Lev	Value	Valid	Sec	Atr	IP
Temperature	S	InAirTemp	A_10S_0	26.2			(1-1-1)	255.255.255.255
Humid	S	InAirHumid	A_10S_0	42.8			(1-1-1)	255.255.255.255
HumidDiff	S	InAirHD.mIC	A_10S_0	14.09			(1-1-1)	255.255.255.255
NodeCondition	S	cnd.mIC	A_1S_0	0			(1-1-1)	255.255.255.255

returnTop

図 12 Web 上から CCM の値を確認

に AC アダプタを接続する場合、Vin という端子が AC アダプタの + 側、GND が - 側に直結されているので、Vin と GND の間にファンを接続することができる。ただし、Arduino の DC ジャックに 12V より高い電圧を入力するのは発熱し、故障のもととなるので避けるべきである。

5 UECS Station Cloudとの連携方法

Arduino を活用したノードには単体でクラウドとの通信機能がないが、インターネット接続環境があるなら UECS-Pi をインストールした Raspberry Pi を 1 つ中継機として利用してクラウドにデータを送ることができる。この方法は、複数の Arduino ノードの CCM を 1 つの中継機でまとめてクラウドに送ることもできるし、原理的にはどんなメーカーが作ったノードの送信 CCM も中継できる。

まず、UECS-Pi をインストールした Raspberry Pi を起動、Web ブラウザでアクセス、ログインし、IP アドレス、DNS サーバ、デフォルトゲートウェイの設定を適切に行っておく。次に " セットアップ " → " センサー設定（CCM 受信）" を選ぶ。次に、Arduino ノードの "Node　status" ページの情報を基に、UECS-Pi に CCM 登録する方法を図 14 に示す。ここでは Arduino ノードの発信する気温と飽差をクラウドに送る設定をしている。同色のマスで囲まれた文字列が同じになるように UECS-Pi の設定画面に入力を行い、中継したい CCM を順次登録する。注意すべきは Type の部分で、".mIC" のようにノード種別のついている CCM とついていない CCM がある。"InAirTemp" のような場合、ノード種別は空欄にする。"InAirHD.mIC" のようにノード種別がある場合、項目名のところには "." より前の文字を入力し、ノード種別には "." より後ろの 3 文字を入力する。表示名はクラウド側での表示名を自由につけられる。単位も必要に応じて入力する。小数桁数の項目は 0 が整数を示し、何桁まで表現するか入力する。" クラウド連携 " にチェックし、入力が終わったら " 保存 " を押す。次に、" セットアップ " → " クラウド連携設定 " を選び、契約済みのクラウドのユーザー ID、パスワードを入力する。連携間隔は 5 分以上の値にする。入力が終わったら " 保存 " を押した後、" ノード再起動 " を押して設定を有効にする。このようにして作成した中継機は、図 15 のようにネットワーク上に配置することで機能する。

図 13 Arduino 活用ノードの設置例

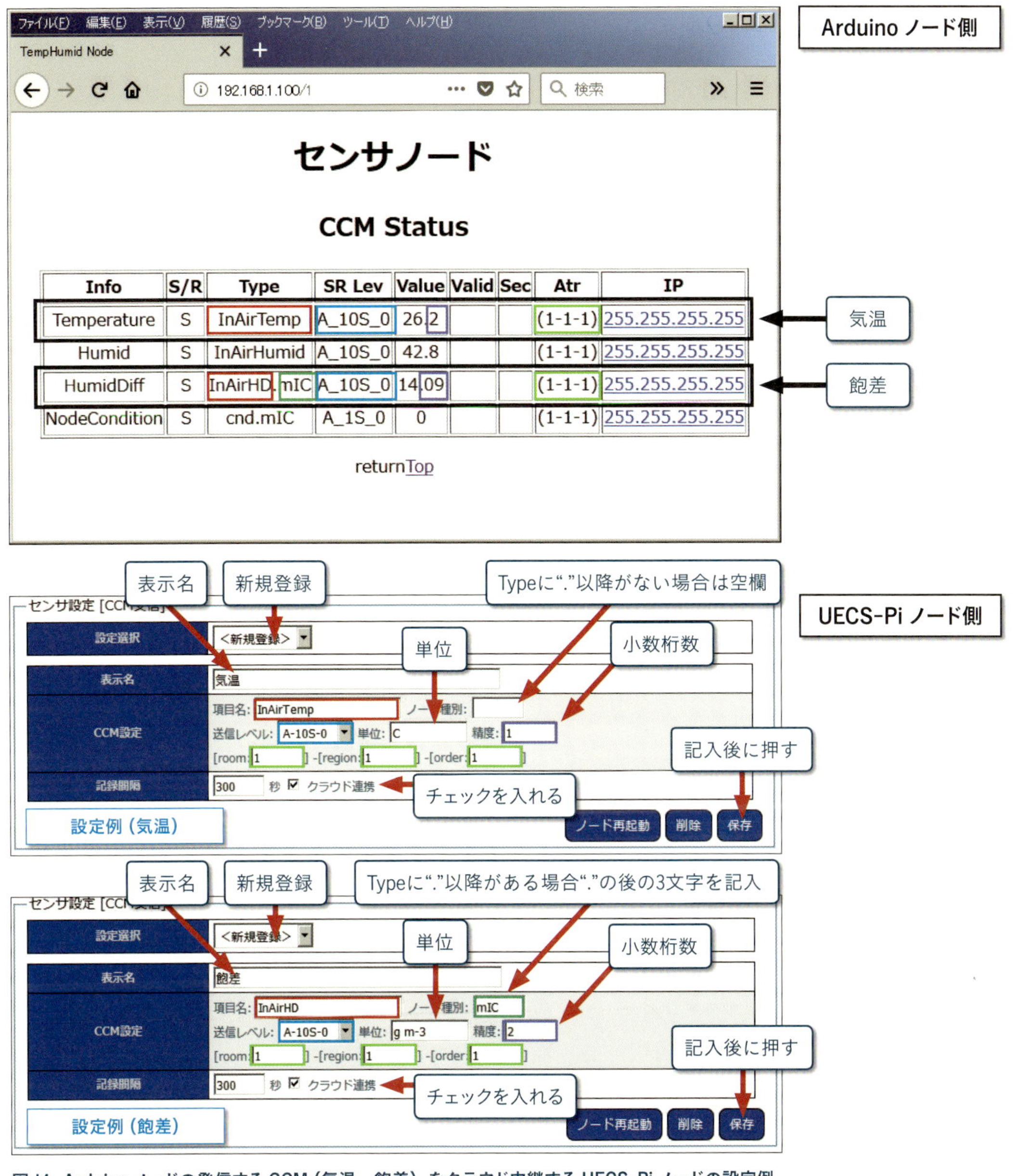

図 14　Arduino ノードの発信する CCM（気温、飽差）をクラウド中継する UECS-Pi ノードの設定例

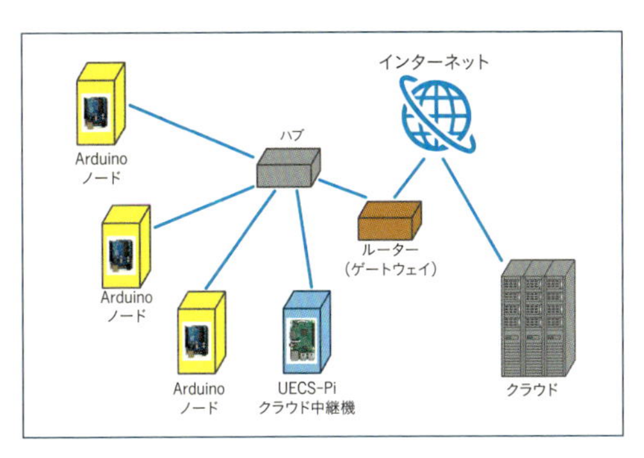

図 15　クラウド中継機の配置例

column

制御の一歩

農研機構 安 東赫

私は園芸作物の栽培に関する研究をやっているが、最近、農業分野でもICTやIoT、AIなど先端技術を使った取り組みが増え，センサーやコントローラなど制御機器を使って賢い農業をするようになった。実験ごとにいろいろな制御をするため、市販品だけでは対応できず、何とか自分で装置を組んで、研究を行う場合がある。特に、本書で解説している自作のUECSノードは大活躍中で、ほとんどの制御をこなしている。思い返せば、自力でここまでできるようになるまでにそこまで時間はかからなかった。

大学時代はタイマーにポンプをつないで潅水実験を行う程度だったが、初めて制御らしきことを始めたのは13年前で、センサーを設置して潅水頻度を変える実験をすることになった。当時、電気・電子工作、制御についてド素人だった私は、共同研究していた方に完成品を借りて、まったく同じ部品を買い、同じくつなげた。もちろん仕組みや部品の役割など知る由もなかった。やっと仕上げたものを設置する際、研究所を停電させて怒られたこともある。電気が流れる2本線をショートさえさせなければ良いと思っていた。電気が流れる線を地面に置いたらだめだと知ったのはその時だった。そんな門外漢だった私だが、第1号機が正常に動き出した時の嬉しさは今もはっきり覚えている。その後、同じものを他の人に教えたり、応用したりしながら、簡単な制御はできるようになった。

UECSを知ったのは8年前。職場（農研機構）で使っているハウスがUECSによって制御されていたからだ。幸い、そばに詳しい研究者（本書の共同執筆者である安場氏）がいたので、自分で作る必要もなく、使い方を教えてもらいながら、ハウスの環境制御を行っていた。「いろいろ便利だな」と感じながらも、自分で装置を作ろうとは思わなかった。そんななか、3年前にRaspberry PiやUECS-Piを使ったDIY環境制御システムに出会った。電子工作やプログラミングのスキルがなかった私にとっては“これだ！”と直感した。プラモデルと一緒だと思って始めたため、部品の集めや細かい作業など、少々面倒であるとは感じた。しかし、完成したシステムを使ってみてその完成度に驚いた。なぜ、このようなソフトウェアを無償で公開しているのか理解できず、開発者に何度も聞いたこともある。

相変わらず機器や制御について詳しくはないが、自作したものは植物工場にて現役で活躍しており、活用の面では不足なく使いこなしている。今では、施設園芸分野の生産者や関連研究者に作り方や活用方法について教えるようになった。本書を手に入れ、装置を作ってみようと思っている方や作っている途中で諦めかけている方に、「騙されたと思って完成させてみて下さい」とぜひ伝えたい。13年前に作った自作の制御機が誇らしく見えてくる。今は、電線を触る際には必ずブレーカーを落とした状態で作業を行っている私である。

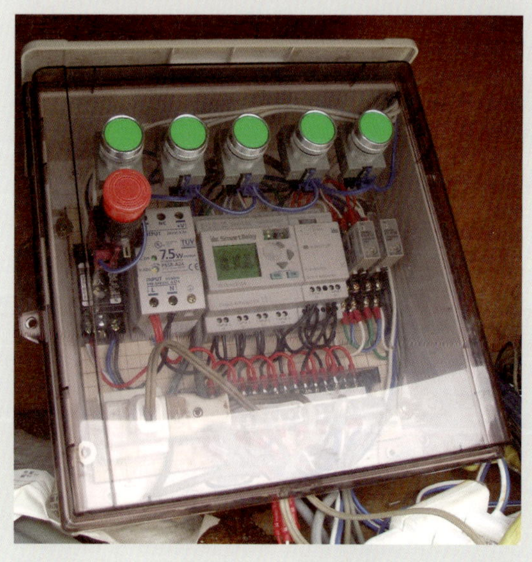

最初に自作した潅水制御機。

3章

UECSによる
環境モニタリングと
クラウド利用

環境計測・制御ノードデータのモニタリング

農研機構 安 東赫

1 はじめに

これまで、UECS規格の環境計測および制御ノードの制作方法や設定方法について解説した。実際にこれらのノードを設置し、稼動すると、計測したセンサーデータや制御機器の動作データがCCM信号（UECS規格の共通信号）としてLAN上に発信される。

この章ではこれらの情報データをLANに接続されたパソコンでモニタリングする方法について解説する。ここでは、今まで解説した内容に従い、計測ノードと制御ノードを製作・設定したと想定してデータ保存方法などを紹介する。データロギング用ソフトウェアとしては、農研機構で開発されたものを使用する。

作業の流れとしては、図1に示したとおり、①ロギング用ソフトウェアのダウンロードおよびファイルのコピー→②パソコンの設定→③設定ファイル（test.xml）の編集→④実行の順に行う。

1. データロギング用ソフトウェアのダウンロードおよびファイルコピー

まず、パソコンのブラウザから農研機構野菜花き研究部門ホームページの「研究情報」にある「ユビキタス環境制御システム（UECS）技術」ページ（http://www.naro.affrc.go.jp/nivfs/contents/kenkyu_joho/uecs/index.html）にアクセスし、下段にある「UECSロギング用ソフトウェア」[UECSLoggingSoft.zip: 3.85 MB]をダウンロードする。ダウンロードした「UECSLoggingSoft.zip」ファイルを解凍し、UECSLoggingSoftフォルダをローカルディスクにコピーする。

図2には解凍されたUECSLoggingSoftフォルダを示した。ロギング用ソフトウェアはフォルダ内のUECSLoggingSoft2012.jarファイルをダブルクリックすると利用可能だが、使用するためには、PC側の設定や設定ファイル（test.xml）の編集を行う必要がある。

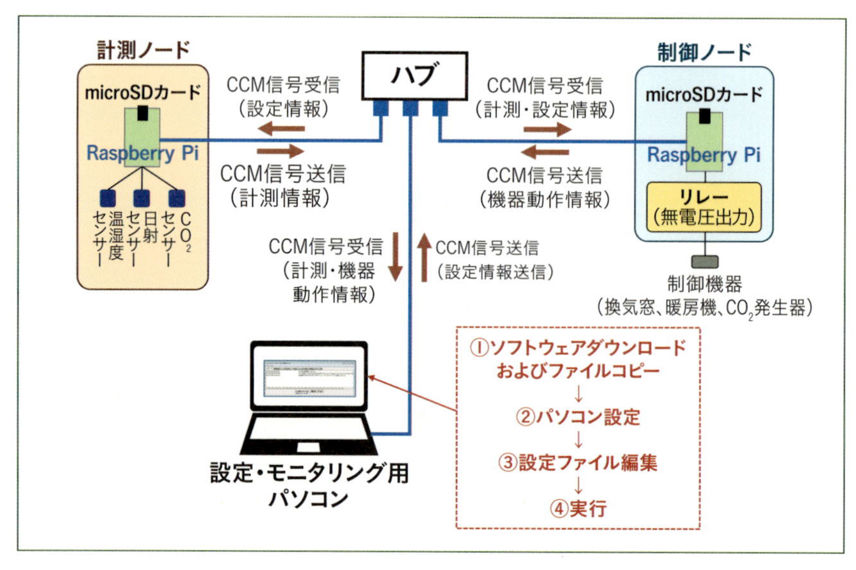

図1 モニタリングのイメージ

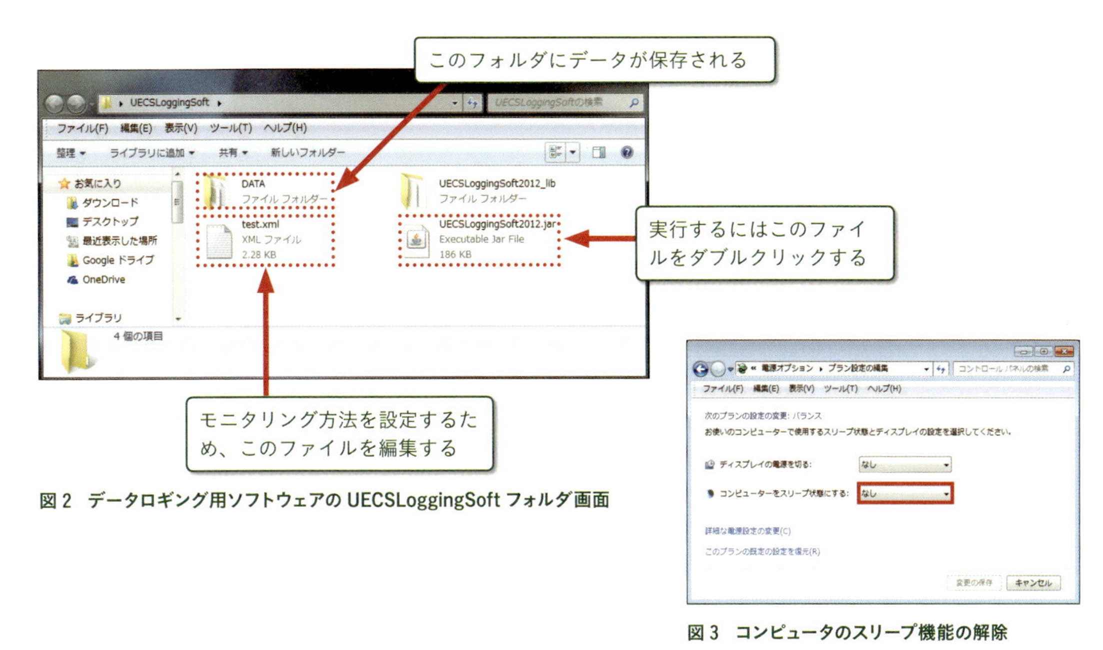

図2　データロギング用ソフトウェアの UECSLoggingSoft フォルダ画面

図3　コンピュータのスリープ機能の解除

2. PC側の設定

(1) JAVAのインストールおよびポートの開放

本ソフトウェアは JAVA を用いて製作されており、実行するパソコンには、JAVA をインストールする必要がある。JAVA のホームページ（https://www.java.com）から JAVA をダウンロードし、インストールを行う。

また、本ソフトウェアはネットワーク通信の方法である UDP を利用してデータ収集を行っている。そのため、ファイヤーウォールやセキュリティ対策ソフトで UDP の 16520 ～ 16529 番ポートを利用できない設定となっている場合は、ポートの開放を行う必要がある。ここでは説明を省略するが、インターネットなどでポートの開放方法を検索し、参照しながら、16520 ～ 16529 番の UDP ポートを開放する。ちなみに、本ソフトウェアは UECS の通信規約に合致しない通信文は無視するようになっているため、セキュリティ上の問題は発生しない。

(2) スリープ機能の解除および スタートアッププログラムとして登録

本ソフトウェアはデータの収集のため、パソコン上で常に実行中である必要がある。パソコンの設定において、一定時間使用しない場合、自動的にスリープモードになる設定がある。その設定になっていると、スリープ後はデータ収集をしなくなるため、本ソフトウェアを使用する際には、図 3 のように、電源オプション内のスリープ機能を「なし」とする。

また、Windows アップデートを自動に設定した場合、パソコンが自動で再起動し、本ソフトウェアが実行されず、データ収集が止まる場合がある。このようなことを防ぐため、スタートアッププログラムとして登録（スタートアップフォルダに UECSLoggingSoft フォルダにある「UECSLoggingSoft2012.jar」ファイルのショートカットを作成）しておくことを推奨する。

環境計測・制御ノードデータのモニタリング

3. 設定ファイル（test.xml）の編集

本ソフトウェアはUECSLoggingSoftフォルダ内の「test.xml」ファイルに記載された内容に従って動作するため、記録する項目や信号の構成要素などを編集して使用する。

図4には64～75ページで紹介した制御ノードのCCM一覧画面を、図5には「test.xml」ファイルの一例を示した。ここでは、図4の赤線部分のCCM一覧を参照しながら、「test.xml」ファイルの内容を作成する。

図5は「test.xml」ファイルを開いたものを示している。test.xmlファイルはWindowsのメモ帳やワードパッドのようなソフトウェアでも編集可能だが、パソコンのOSやソフトウェアなどによっては不具合が生じた事例があるため、ここではgPad（テキストエディター、フリーソフト）を用い編集を行う。「test.xml」ファイルにはUECSのLANから受信した情報の処理方法が書かれており、ROOTタグ（<ROOT>と</ROOT>の間）に記載された内容によって動作するが、このファイルでの内容は、大きくⒶ～Ⓓの4部分に分かれる。Ⓐ（PRESET_CCMタグ）は受信したCCM信号に別名を登録するための内容、Ⓑ（ALERTタグ）は警報メール送信機能を使うための内容、Ⓒ（DAILYREPORTタグ）は日報メール送信機能を使うための内容、Ⓓ（GRAPHタグ）はグラフ作成機能を使うための内容で構成されている。それぞれを簡単に解説する。

Ⓐ CCM信号の登録

PRESET_CCMタグ2行目にあるDATAタグの<DATA room="1" region="1" order="1" priority="1" type="InAirTemp.mIC" name="気温"></DATA>部分は、room-region-order-priority値が1-1-1-1であるInAirTemp.mIC（UECSの規格で屋内気温と定義されている）情報を「気温」と

トップ　制御モニタ　CCM一覧　状態ログ　セットアップ　ログアウ

CCM一覧

1	UECS-Pi Basic	cnd.cMC (1−1−1) [A-1S-0]	S	0	2017-03-09 17:32:43	
2	CO2発生装置 [opr]	CO2Burneropr.1.aCD (1−1−1) [A-1M-1]	S	0	2017-03-09 17:32:43	
3	CO2発生装置 [rcA]	CO2BurnerrcA.1.aCD (1−1−1) [S-1M-0]	R		--	
4	CO2発生装置 [rcM]	CO2BurnerrcM.1.aCD (1−1−1) [S-1S-0]	R		--	
5	暖房機 [opr]	Heateropr.1.aAH (1−1−1) [A-1M-1]	S	0	2017-03-09 17:32:43	
6	暖房機 [rcA]	HeaterrcA.1.aAH (1−1−1) [S-1M-0]	R		--	
7	暖房機 [rcM]	HeaterrcM.1.aAH (1−1−1) [S-1S-0]	R		--	
8	天窓 [opr]	VenRfWinopr.1.aRV (1−1−1) [A-1M-1]	S	100	2017-03-12 09:11:18	
9	天窓 [rcA]	VenRfWinrcA.1.aRV (1−1−1) [S-1M-0]	R		--	
10	天窓 [rcM]	VenRfWinrcM.1.aRV (1−1−1) [S-1S-0]	R		--	
11	気温	InAirTemp.mIC (1−1−1) [A-10S-0]	R	27.5 C	2017-03-12 14:12:28	
12	湿度	InAirHumid.mIC (1−1−1) [A-10S-0]	R	61 %	2017-03-12 14:12:28	
13	CO2	InAirCO2.mIC (1−1−1) [A-1S-0]	R	461 ppm	2017-03-12 14:12:28	X
14	日射量	WRadiation.mIC (1−1−1) [A-10S-1]	R	0.56 kW m-2	2017-03-12 14:12:33	

図4　制御ノードのCCM一覧画面

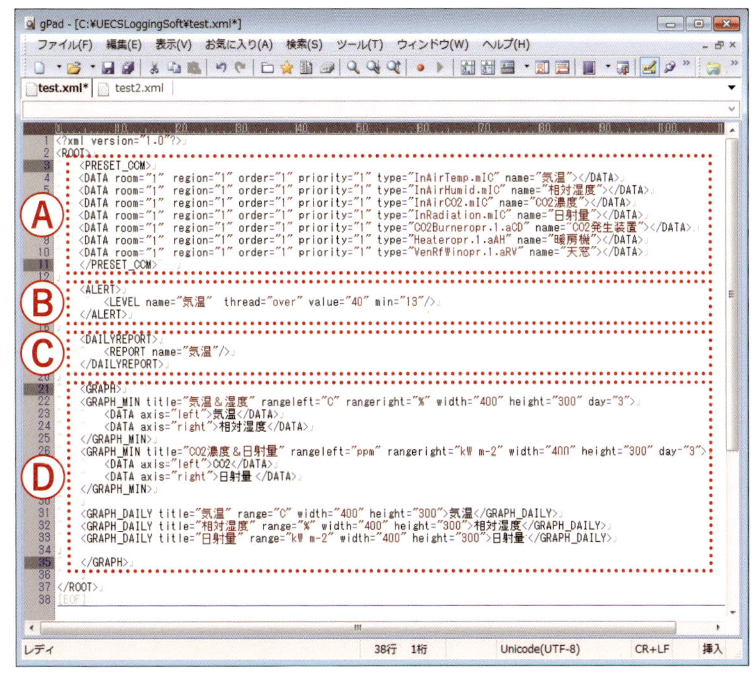

図5　test.xml ファイル内容の事例

定義するための内容である。CCM 信号にはアルファベットの大文字、小文字や拡張名の有無などの区別があるため、スペルに注意する。また、これらの定義は CSV ファイルの作成や警報、日報、グラフ機能に反映されるため、文字の間違いがないように注意する。その後は、同じ要領で、登録したい項目について二重引用符「" "」の部分の数字や文字を編集し、登録を行う。

Ⓑ 警報メール送信機能

ALERT タグに書かれた内容は、「気温」が 40℃を上回り、13 分以上経つと、警告メールを送信する設定である。

Ⓒ 日報メール送信機能

DAYLYREPORT タグに書かれた内容は、「気温」のデータを毎日（23 時 59 分）まとめてメールで送信する設定である。

Ⓓ グラフ作成機能

1 番目の GRAPH_MIN タグは、横 400、縦 300 の大きさで、「気温」と「相対湿度」3 日分のデータを一緒にグラフ化する内容である。グラフにおいて左軸には「気温」で単位は「C」を、右軸には、「相対湿度」で単位は「%」を表示する。

2 番目の GRAPH_MIN タグは、気温と相対湿度と同様に、「CO_2 濃度」と「外日射」をグラフ化するための設定である。

なお、3 行の GRAPH_DAILY タグがあるが、これは横 400、縦 300 の大きさのグラフに気温、相対湿度、外日射それぞれの日ごとの最高、最低、平均値を表示する機能である。

このように、図 5 に記載された事例を参照しながら、二重引用符「" "」の部分を変更したり、それぞれのタグ間に必要な内容を追加したりして、CSV ファイルへのデータ収集項目の設定やグラフ化の設定を行う。

4. 実行

PC 側の設定や test.xml ファイルの編集を終え、ソフトウェアを起動する（図 2 の UECSLoggingSoft2012.jar ファイルをダブルクリック）と、図 6 のようにロギ

環境計測・制御ノードデータのモニタリング

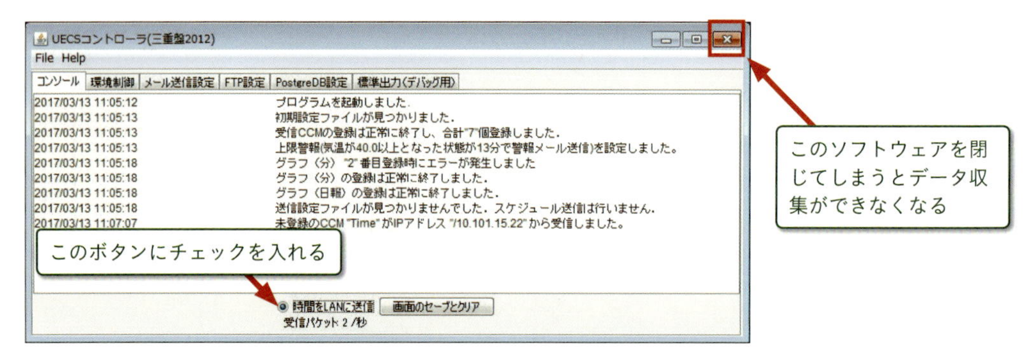

図 6 ロギング用ソフトウェア起動時の実行画面

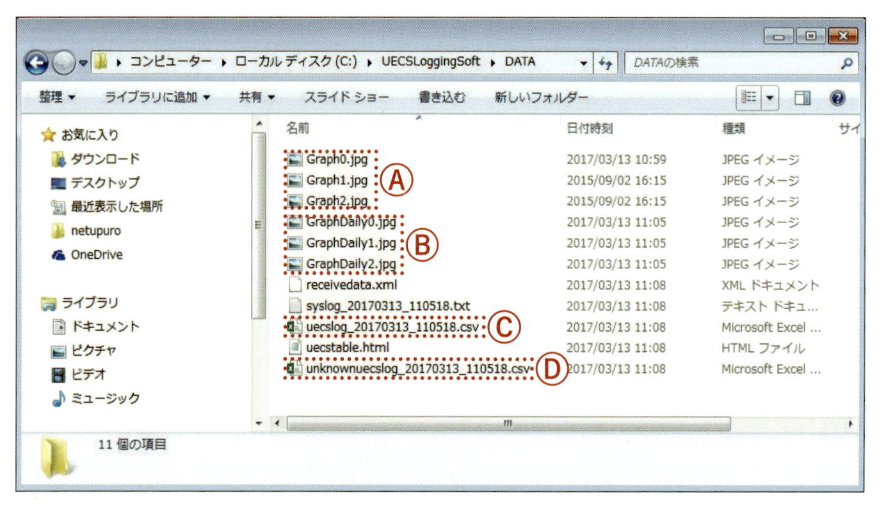

図 7 UECSLoggingSoft の DATA フォルダのファイル

ング用ソフトウェアの実行画面が現れる。"時間をLAN に送信"ボタンをチェックしておくと本ソフトウェアの時刻に合わせて UECS の機器が環境制御を実施するようにできる。

ロギング用ソフトウェアを実行すると、UECSLoggingSoft の下の DATA フォルダに JPG ファイルや CSV ファイルが自動生成される（図 7）。

test.xml ファイルにある GRAPH_MIN タグ内の内容によって図 7 Ⓐの Graph 0～2 の JPG ファイルが、GRAPH_DAILY タグ内の内容によって図 7 Ⓑの GraphDaily 0～2 の JPG ファイルが自動生成されることが確認できる。例えば、ホームページなどを作成する際に、生成されたこれらの JPG ファイルにリンクを張ることによって、ブラウザから計測データの時系列グラフを表示することができる。

CSV ファイルには、1 分ごとの受信情報が保存されるが、保存されるのは 10 分ごとである。「test.xml」ファイルに PRESET_CCM タグで登録した項目は「uecslog_xxx.csv」ファイル（図 7 Ⓒ）内に保存されるが、登録されてない CCM 信号は、

	A	B	C	D	E	F	G	H
1	CCM名	気温	相対湿度	CO2濃度	外日射	CO2発生装置	暖房機	天窓
2	type	InAirTemp.n	InAirHumid.	InAirCO2.ml	WRadiation.	CO2Burnero	Heateropr.1.	VenRfWinopr.1.aF
3	room-region-order	1-1-1-1	1-1-1-1	1-1-1-1	1-1-1-1	1-1-1-1	1-1-1-1	1-1-1-1
4	UECSVersion							
5	ip	none	none	none	none	none	none	none
6	2017/1/17 10:00	12	71	500	0.57	0	1	0
7	2017/1/17 10:01	12.8	70	520	0.57	0	1	0
8	2017/1/17 10:02	12.9	71	510	0.58	0	1	0
9	2017/1/17 10:03	13	69	500	0.57	0	1	0
10	2017/1/17 10:04	15.5	71	480	0.58	1	0	0
11	2017/1/17 10:05	18.9	71	490	0.58	1	0	0
12	2017/1/17 10:06	20.2	69	520	0.57	1	0	0
13	2017/1/17 10:07	21.3	67	550	0.58	1	0	0
14	2017/1/17 10:08	22	68	600	0.58	0	0	0
15	2017/1/17 10:09	23.5	67	580	0.58	0	0	0
16	2017/1/17 10:10	24.9	68	570	0.58	0	0	0
17	2017/1/17 10:11	24.2	65	550	0.58	0	0	0
18	2017/1/17 10:12	23.5	65	530	0.58	0	0	0
19	2017/1/17 10:13	23.5	68	535	0.58	0	0	0
20	2017/1/17 10:14	24.8	65	530	0.58	0	0	0
21	2017/1/17 10:15	25.8	65	520	0.59	0	0	4
22	2017/1/17 10:16	25.9	65	480	0.59	0	0	7
23	2017/1/17 10:17	25.8	63	465	0.59	0	0	15

図 8 「uecslog_xxx.csv」ファイルの内容

「unknownuecslog_xxx.csv」ファイル（図 7 Ⓓ）内に保存される。これらの CSV ファイルを、直接エクセルなどで閲覧すると、閲覧中は、データが保存できなくなるため、CSV ファイルは基本的にデスクトップなどにコピーしてから閲覧するように注意する。図 8 には、図 5 の test.xml ファイルの内容でロギングソフトウェアを実行した時に収集された CSV ファイルの結果を示した。PRESET_CCM タグで登録した項目の順にデータが保存されるのが確認できる。

その他、DATA フォルダのなかには「uecstable.html」ファイルがあるが、このファイルでは 1 分ごとの最新の情報が確認できる。

前述したとおり、データの収集のためには、このソフトウェアをパソコン上で常に実行中にする必要があり、実行画面を閉じたり、PC がログオフやスリープ状態になったりしないように注意する。

2 最後に

ここでは、ロギング用ソフトウェアの簡易的な説明や使用例を紹介した。具体的な仕組みなどについては下記の論文（88 ページに示したホームページからダウンロード可能）を参照することを推奨する。また、本ソフトウェアは様々な条件での動作確認を行っていないため、使用するパソコンの OS や編集ソフトなどによっては不具合が生じる可能性がある。

参考文献

安場ら、2012、「ユビキタス環境制御システム通信実用規約に基づいた施設園芸用管理ソフトウェアの開発」、野菜茶業研究所研究報告、11：63 ～ 72

UECS環境計測・制御ノードのクラウド利用

株式会社ワビット 戸板 裕康

1 はじめに

88～93ページでは、ハウス内環境計測と制御を、ハウス内LANに接続されたPCで管理する方法を解説した。ここではその発展形として、インターネット経由で遠隔管理が可能なクラウドサービスと連携させる方法を紹介する。

UECSはセキュリティ対策や通信量制限の必要性が低いLAN内通信を想定した規格のため、一般的にインターネット通信に関しては他の通信規格に変換するゲートウェイなどが必要になる。本書で製作する環境計測・制御ノードにインストールされている「UECS-Pi Basic」には、(株) ワビットのクラウドサービス「UECS Station Cloud」と通信するための専用機能が標準搭載されているため、インターネット回線に接続さえすれば、特別な変換ゲートウェイなしで直接通信可能である。ただし本サービスは有償のため、事前にサービス利用契約が必要となる。

1. モバイルルータの設置

一般的なハウスにはインターネット回線設備がないため、クラウド連携を行うためには、3G/LTE回線経由でインターネットに接続するモバイルルータの設置が必要となる。市販の汎用機器を利用可能であるが、ハウス内に設置する場合はできる限り耐熱性能が高い製品を利用する。さらに防水プラボックス等に格納して、直射日光や水濡れから保護できるように設置することが推奨される。モバイルルータはLAN内でデフォルトゲートウェイ兼DNSサーバとして動作するため、前章までに設定したUECSノードの設定に合わせてIPアドレスを「192.168.1.1」に設定する（図1）。モバイルルータのIPアドレス設定方法は、各製品付属のマニュアルに記載されているので参照しながら設定する。機器の設定に不慣れであれば、（株）ワビットから設定済みモバイルルータとクラウドサービス契約のセット購入も可能である。

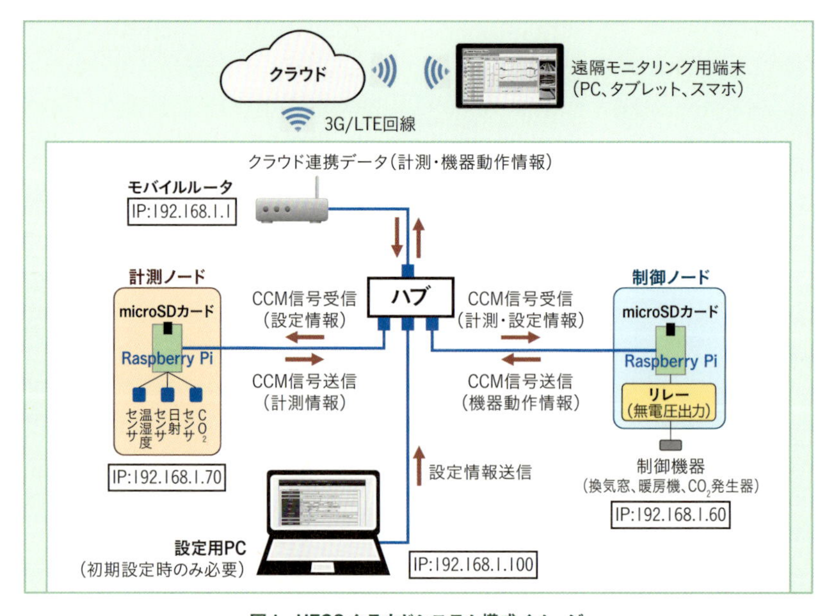

図1 UECSクラウドシステム構成イメージ

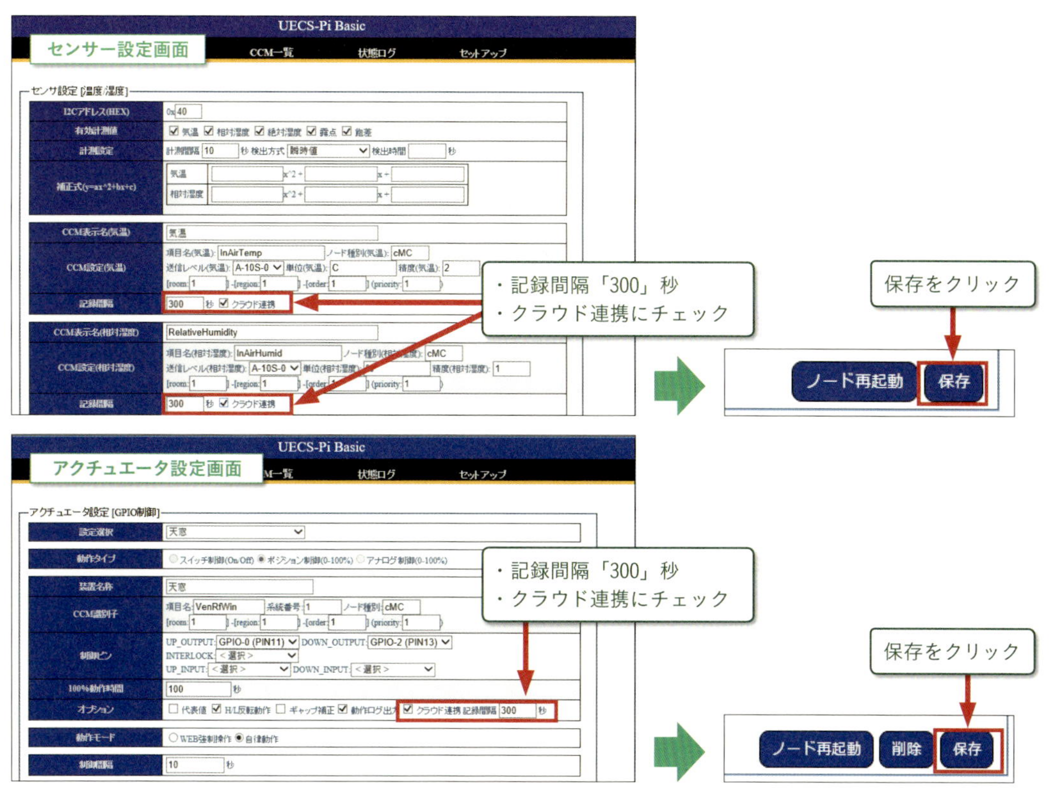

図 2　センサー設定・アクチュエータ設定画面

2. クラウド連携設定

設定を完了している計測ノードと制御ノードの「UECS-Pi Basic」の設定画面に、設定用 PC の WEB ブラウザで再度アクセスする。設定済みのセンサーやアクチュエータの設定画面を開いて保存間隔を入力し、クラウド連携のチェックボックスにチェックを入れる（図 2）。ここで入力された保存間隔に従ってノード内に記録保存されたデータがクラウドにアップロードされるため、短い時間ではデータが大量になり契約容量上限に達する期間も短くなる。通常は 300 秒（5 分）以上の間隔を推奨する。

次にクラウドに接続するためのアカウント情報を設定する。UECS-Pi のメニューから「セットアップ」→「クラウド連携設定」を選択すると図 3 の画面となる。図 3 の①～⑦の説明順に設定を行うと設定が反映され、クラウド連携動作が開始される。

最後に、実際にクラウド連携が正常に行われているかを確認する。メニューから「状態ログ」を選択すると図 4 の画面となる。カテゴリ「全て」もしくは「その他」を選択すると、クラウド連携のログが表示されるはずである。「クラウド連携通信を行いました。」が表示されていればクラウド連携は成功している。「クラウド連携通信に失敗しました。」が表示された場合は、設定を再確認する。ノードの設定値が正しい場合は、モバイルルータの設定も再確認する。設定値が正しくてもモバイル回線の電波状態によって回線接続が切れている場合もありうるため、機器の説明書を参照し、モバイル回線の電波状態も合わせて確認する。

3. クラウドサービスの機能

クラウドサービスにアクセスするには、設定用 PC もしくは遠隔モニタリング用端末の WEB ブラウザの URL アドレス欄に「https://www.uecs-station.net」と入力する。クラウドサービスのログイン画面が表示

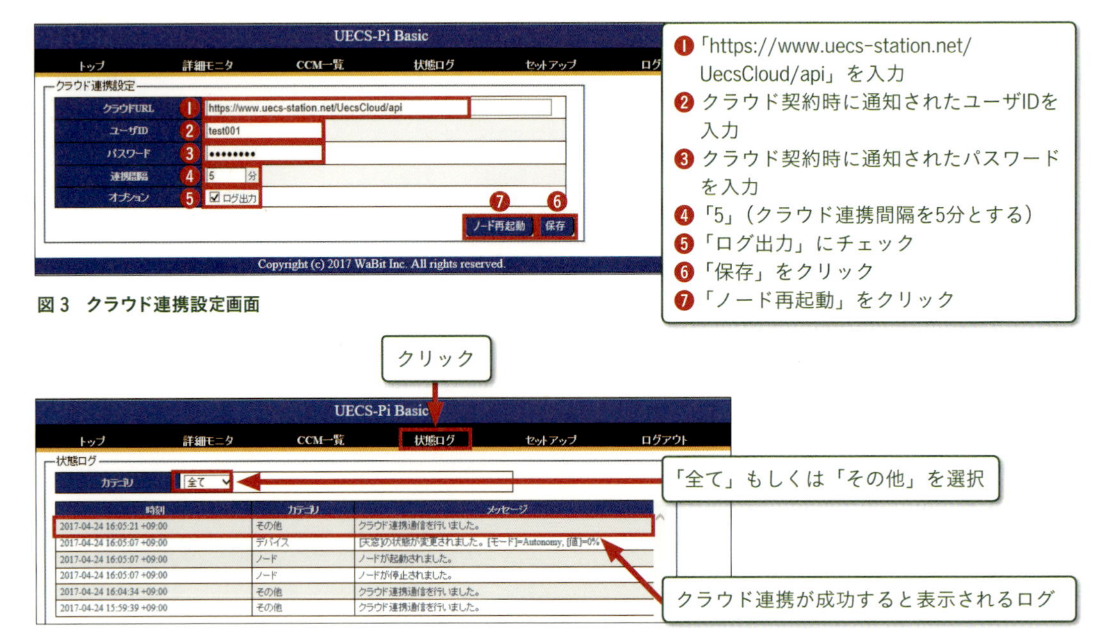

図3　クラウド連携設定画面

図4　状態ログ画面

されるので、クラウド契約時に通知されたユーザIDとパスワードを入力してログインするとトップメニューが表示され、各機能の画面へ遷移可能である(図5)。

「チャート」画面では、左側にUECS-Piでクラウド連携対象と設定されたセンサーとアクチュエータ項目の最新値リストが表示される。項目にチェックを入れると、中央にトレンドグラフが表示される。複数項目にチェックを入れると、重ね合わせ表示も可能である。トレンドグラフは24時間、3日間、1週間の期間選択が可能であり、月間や年間の高低値や平均値グラフも表示可能である。チャートの右側には天気予報データやカメラ画像データ(今回は説明を省略)、計算データ(後述する)などが表示される。

「データ管理」画面では、クラウドに保管されている計算データ、センサーデータ、カメラ画像データが一覧表示され、データは期間を指定してファイル形式でダウンロード可能である。ダウンロードしたファイルをエクセル等で編集すれば、クラウドに蓄積されたデータをユーザ独自に様々な目的で活用できる。不要になったデータの削除も可能であるため、契約データ容量上限に近づいた時点で削除を行うことで、容量追加契約をしなくても長期間継続使用できる。

「ノード管理」画面では、クラウド連携しているUECSノードの情報(最新アクセス日時やIPアドレス、動作状態)が一覧表示される。最新版のUECS-Piソフトウェアがインストールされたノードであれば、リスト右側の設定アイコンをクリックすると、クラウドサーバからVPN(Virtual Private Network)で暗号化された通信経路を経由し、ハウス内LANのUECS-Piノードの設定画面にアクセスすることが可能である。これはつまり、遠隔地からUECS-Piの動作状況をリアルタイムに把握し、制御設定もダイレクトに変更可能ということを意味する。また、UECS-Piノードの最新の設定ファイルもクラウドに自動アップ

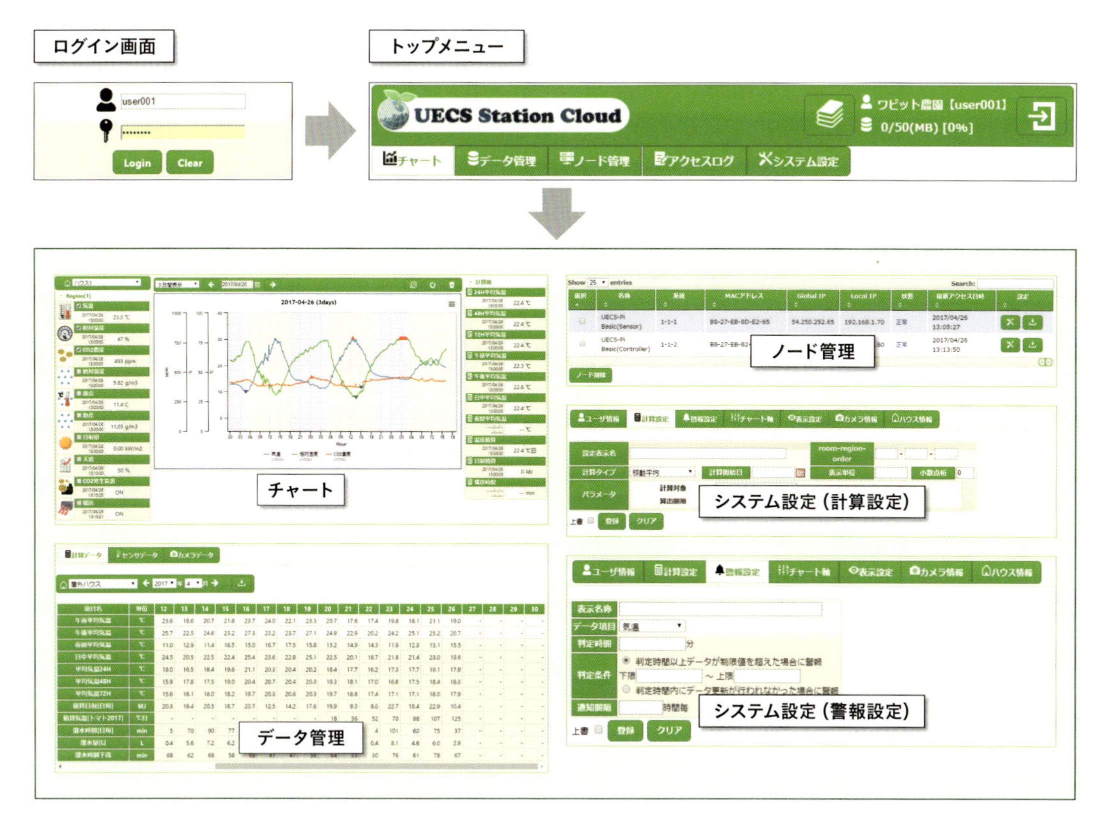

図5　クラウドサービス画面

ロードされて保管されている。microSD カードが故障した場合などファームウェアの再インストールを行う必要がある場合、ダウンロードしたファイルを使用すれば、故障前の状態に迅速に復旧可能になる。

「システム設定」画面からは、クラウドシステムの各種設定を行うサブ画面に遷移可能である。ここでは、よく利用される計算設定と警報設定について解説する。「計算設定」は、ノードの計測データを基に、平均値や積算値を計算する機能である。この機能を活用して気温の移動平均値や時間帯平均値をモニタリングしながら適宜ハウス内環境をコントロールすれば、栄養生長（葉、茎、根）を最適化し、生殖生長（果実と花）を最大化するための有用なツールとなる。また、日々の平均気温の積算値を計算することで、収穫時期や害虫の発生予測にも活用できる。「警報設定」は、計測データからハウス内の温度異常やクラウド連携通信異常などを監視し、警報メールとしてユーザーに通知する機能である。スマホ等のモバイル端末で受信可能なメールアドレスを事前登録しておけば、ハウス内環境の急変やシステム異常をいち早く察知し、先に説明した VPN 経由で UECS ノードにアクセスして遠隔制御することができる。

以上、クラウドサービス「UECS Station Cloud」の主要機能を解説したが、より詳しい説明や今回説明を省略したカメラ画像アップロードや天気予報表示などについては、クラウドサービス上で閲覧可能な WEB マニュアルを参照していただきたい。

2　最後に

最後にクラウドサービスを利用するメリットとデメリットについて考えてみたい。

メリットとしては、遠隔監視が可能となることで、換気や潅水が正常に行われているかを確認するため

UECS環境計測・制御ノードのクラウド利用

に現地ハウスに出向く時間を大幅に節約し、他の作業時間に充てることが可能になることである。特に点在する複数ハウスを管理している生産者であれば、よりメリットを感じられるであろう。加えて、データ保存場所が信頼性の高いクラウドサーバになることで、データ消失リスクも低減できる。デメリットとしては、サービス利用料金コストであろう。ICT に不慣れであれば、学習コストも考慮する必要がある。

クラウド導入後の注意点としては、データのみを過信せず、定期的な現地での動作状況チェックは怠らないよう心がけるべきである。現地チェックを長期間怠ると、センサーや制御機器の故障に気づかないまま異常な制御が行われ、場合によっては作物に大きなダメージを与える可能性がある。しかしながら、一度操作に慣れてクラウドサービスの利便性を体験すると、手放せなくなるであろう。月額数千円程度で利用可能であるため、ぜひ活用していただきたい。詳細情報は（株）ワビットの特設サイト（http://www.wa-bit.com/smart-agri-project）を参照し、最適な料金プラン等については問い合わせをしていただきたい。また本サイトでは、タブレットにインストールして LAN 内モニタリングが可能な「UECS Station for Android」も無償ダウンロード可能である。また、UECS ハードウェア製作が容易な部品がワンセットになった DIY キットの販売も行っている（図 6）。

補足として最新情報もつけ加えておく。（株）ワビットは 2018 年中に、操作性と機能性を向上した UECS 対応の新製品「Arsprout（アルスプラウト）」を提供開始予定である（図 7）。UECS-Pi、UECS Station Cloud ユーザーは、既存システムを簡単にアップグレード可能であるので、ご期待いただきたい。

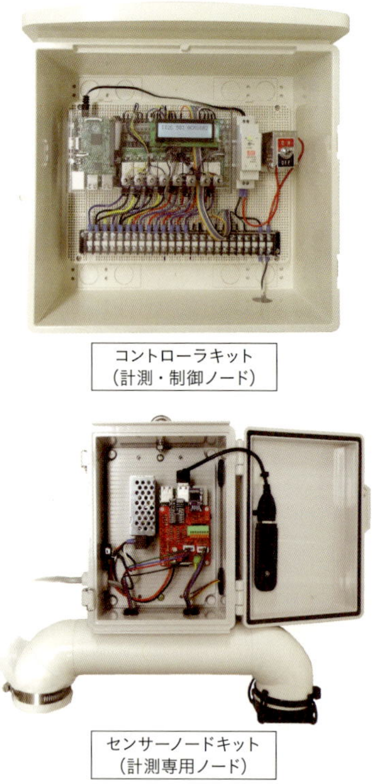

コントローラキット
（計測・制御ノード）

センサーノードキット
（計測専用ノード）

図 6　製品版 UECS キット（完成図）

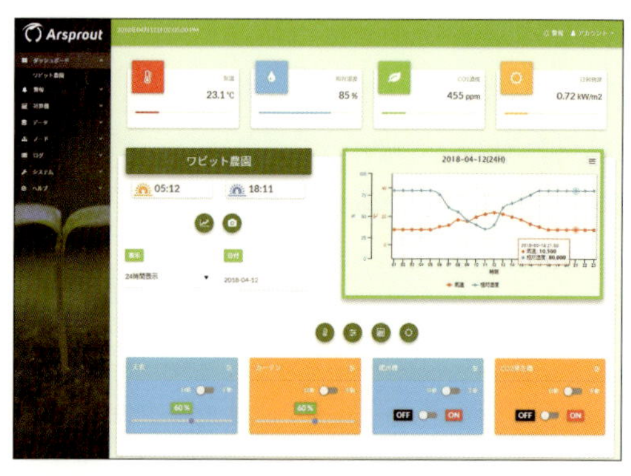

図 7　Arsprout 操作画面
現在開発中のため、変更される可能性がある。

4章

データを活用した環境制御の基礎と収量予測

栽培のための植物工場データ活用の基礎知識

農林水産省
農林水産技術会議事務局　中野 明正

1　はじめに

UECSを活用したデータ収集と機器の制御方法については、前章までに具体例を交えて紹介した。実際には具体的な環境制御の値を設定する必要があるが、これについては地域により異なり、またハウスにより異なる。そのため、具体的に値を入れて動かしてみて、いわゆるPDCA（Plan（計画）、Do（実行）、Check（評価）、Act（改善））を回して、改善していくことが現実的である。次章に実例を交えて紹介する。まずは個別に初期値を設定することになるが、本章ではデータを読み解き、実践的に栽培に活かしていくための基礎知識と基本的な姿勢について、トマトを事例に解説したい。

データにより「気づき」を得て改善するポイントが見つかれば、生産量または品質が向上する。結局、農業生産の改善とはこのような日々の積み重ねなのであるが、もう1つ重要なのは深い理解である。下される判断は理論に基づくものであり、一定の理屈や仕組みを知って取り組めば、目標到達への近道は見つけやすい。

2　高品質、多収を目指す環境制御

農業生産にはイマジネーションが必要である。多くの数値を参照しながらも、それらはあくまで判断材料でしかない。最終的に総合判断を下すのは今のところ人である。まずは、データを利用する生産全体をイメージするのがその第一歩であろう。

以下では、施設生産を「車」やその「運転」にたとえて、栽培のための植物工場データ活用について考えてみたい。すべて1対1の関係にはなっていないし、また厳密にみれば対応関係がずれているところもある。あくまでポイントを把握し、全体をイメージするという視点で読み進めていただきたい。

1. 植物生産と「車の運転」のイメージ

施設生産を「車の運転」に見立てる。車を走らせ目的地までドライブする。目的地は年間収量に相当する。例えば50t 10a^{-1}（kg m^{-2}）年$^{-1}$に到達するにはどうしたら良いだろうか？ 今までの研究成果からそこに至る、大まかに舗装された道はできている。その道は曲がりくねっているが、その道をたどれば目的地まで行ける。この場合「道」とは、トマトにとって適正な生育が持続する、温度や湿度の範囲でありCO_2施用濃度の範囲である。

2. スピードと生産性

現在の車で自動制御されている部分は、車が開発された当初は、ヒトが調整しながら運転していたことであろう。図1に表したとおり、縦軸はスピードであり横軸は時間である。このような車はスピードを上げ

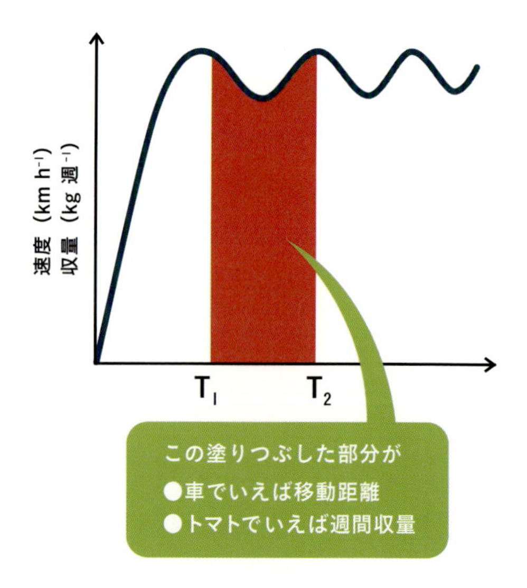

図1　エンジン性能を最大に発揮させつつ遠くまで移動するには？

すぎると次の瞬間は不調を来し、スピードが下がる。うまく制御をしなければならなかっただろう。一定の時間に移動した距離が、最終目標に至るチェックポイントになる。これをトマトの生産に当てはめると、スピードのコントロールは乱高下による総合的な生産性の低下を避けながら、品種の特性を最大化しつつ、一定時間内の生産性（収量×品質）を最大化することとイメージできる。

3. 測定機器と基本スペック

上記の運転をするための、基本的な装置について見てみよう。まずはセンシングである。これは車のスピードメーターやエンジンの回転数メーターに相当する。ハウス内環境を測定していないことは、今どれくらいスピードが出ているのか知らずに運転をしているようなものである。通常の農家は高品質、多収という観点からいうと、随分無謀な運転をしていることになる。また、日々の植物の生産性も合わせて評価しないと、エンジン回転数を意識せずに運転していることにもなる。アクセルの踏み方は適切だったかどうか？

そして、ハンドルで、その都度その都度、道に沿うように車の方向を制御しなければならない。まずは道からはみ出さないように、目的地に到達するようにしたい。道路標識のない道は目標値がないようなもので、オフロード走行のような危険な運転である。目的地に到達できることはまれである。まずは道路に乗っている前提で、アクセル、ブレーキを操作しながら目的地に到達したい。アクセルを踏み続ければ目的地まで早く到達できるのでは、とも思われるかもしれない。実際、道は曲がりくねっている。エンジンをふかしすぎて道を外れることもあるだろう。そうなれば、一定時間内の移動距離（生産性）の最大化にはならない。

図２のように、まずは、温度において最低限守るべき範囲に制御する必要がある。その上で植物の様子を見ながら（生体計測を実施しながら）判断し、より狭い範囲で最適制御していく必要がある。個々の制御因子については後述する。

たとえば、栄養生長が旺盛になりすぎると結果的に、着花数が減少し生産量が低下する場合がある。果実の着果状態を見ながら、気温を上げる（アクセルを踏む）必要がある。

4. エンジン性能を知っているか？

この場合、エンジンとは品種に相当する。後述するが、基本的にトマトの収量は総受光量に大きく依存する。それを最大化するには、適正な葉面積指数（LAI: Leaf Area Index）に管理する必要がある。つまり、葉が少なすぎても、多すぎても、その品種の生産性を最大化できない。最適葉面積指数はある程度決まっているが、品種や立地する生産施設の

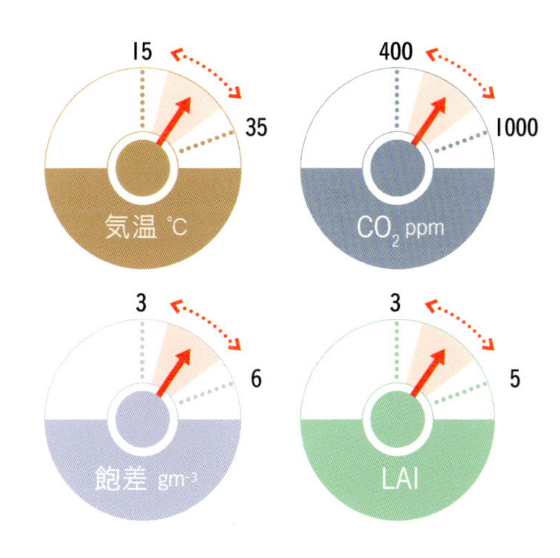

図２　環境等の制御は、車のスピードメーターのイメージで

①まずは、おおまかな制御すべき範囲を守る。
②そのなかでも最高のパフォーマンスが発揮できる範囲に制御。

日射条件により決めるべきものである。そのためには、まずは光環境をはじめとした立地条件を適正に選定する必要がある。なぜなら、あまり日射量に恵まれないところにハウスを設置しても「ない袖は振れない」ので、理論的に高い生産性は望めないからである。

5. 環境制御のための植物生理学

「気づき」を得て改善するポイントが見つかれば、対策により生産量や品質は向上する。結局、農業生産とはこのような日々の改善の積み重ねなのであるが、それは理論に基づくものである。実際、理屈や仕組みを知って取り組めば近道を見つけやすい。そのために、環境制御のための植物生理学（中野 2017）を学んでおくことをお勧めする。

3　環境が生産性に与える理論と制御

最近、環境制御については、実際の栽培に参考になる書籍がいくつか発行されている（斉藤 2015, 吉田 2016）。詳細はそちらに譲るとして、ここでは、見てきたイメージを頭に置きつつ、環境要因の理論と制御についてポイントを解説する。

1. 光に関する理論と制御

個葉の光合成速度を最大化するには、それぞれの葉に光を十分に当てることがポイントである。そのため施設生産の代表選手であるトマトを多収化するには、ハイワイヤー誘引という栽培手法が採られる（図3左）。生産管理も考えて総合的に判断するとこのような生産法には相応の合理性がある。

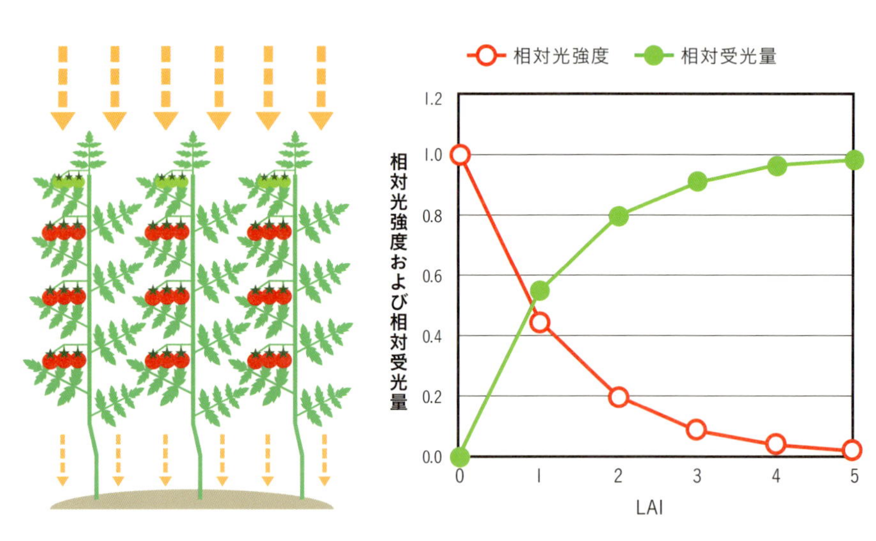

図3　光に関する理論と制御　トマト群落と光の減衰

トマト群落に光が当たると、群落の底面に達するまでに光は吸収される（左図）。
総受光量は群落の葉面積指数の増加とともに、飽和に達する（右図）。

具体的にトマトはどのように生育するのか？ トマトはご存じのように、最初に葉が6～7枚展開した後着花するが、自立できないため、ヒモなどの支持体を使って茎を上に導き上げて、葉を展開させる（図3左）。その後は葉が3枚展開した後、再び次の果実がつくという無限生長を繰り返す。このため図3左のようなイメージで垂直に葉と果実が配置し、群落を形成する。この時、光の当たり方は上に位置する葉と下に位置する葉では異なることに気がつく。

植物体を真上から見た時、一定面積に葉がどの程度存在するのかを葉面積指数（LAI）として表現するが、LAIはいわば空間に占める葉の「濃度」に相当する。つまり、ベーア・ランベールの法則が群落へ差し込む光に対し成立する。相対受光量はこれから推定できる（図3右）。群落として吸収した光が同化産物へと変換され、果実（生産物）へと転流するため、群落でどの程度光が吸収できるかでおおむね生産量は決まる。単位面積当たりの生産性を高めるため、栽培個体を増やすこともできるが、葉により陰ができると下位の葉まで光が到達せず、群落としては生産能力が高くない場合も考えられる。

受光量の乾物量への変換は光利用効率として実験的に求められている。例えば2.5 ～ 3g MJ^{-1} PARなのどの値がある。さらに、固定産物が果実と茎葉へ分配される割合も一定の値（例えば0.66の場合、固定された2/3は果実へ、1/3は茎葉に分配される）があるので、日射量から果実収量が推定できる（実際は着花から収穫前日までの積算日射量）。

実際に葉面積指数を変えて栽培した実験からも、最適値が存在することが明らかとなっている。つまり、葉面積指数が多すぎた場合は相互遮蔽が起こり、光合成効率も低下する。さらに呼吸も増え純同化量は減少に転じる。

しかし、基本的には収量が日射量に依存することは論を待たず、これは日射量の多い季節で収量が増えることからも理解できる。光を最大限利用するためには、このような考えに基づき、特定の地域の特定の期間の日射量に対して生産が最大化されているのかを評価することが必要であり、それに向けた生産管理（葉面積管理等）がポイントとなる。

2. 温湿度に関する理論と制御

高度に環境を制御することにより多収を達成する事例が発表されている（中野ら2015）。温湿度など高度に環境を制御した場合（以下多収ハウス）、トマトの収量・品質が向上した。多収ハウスでは、平均相対湿度は高温期である5～8月は対照に比べ高く推移し、低温期である11～3月までは低く推移した。飽差制御の考え方からいうと、温度が高くなると相対湿度を上げ、温度が低くなると相対湿度を下げて管理できたことになり、年間を通じてより安定的な環境が多収ハウスで達成されていたといえる（図4）。

また湿度のばらつきを見ても、多収ハウスの標準偏差は対照ハウスに比べて小さく、日々の湿度の変動が低く抑えられていた。急激な湿度変化を起こさせないことは、数値設定に加えて重要なポイントである。ハウス内気温は、高温期である6～9月は対照に比べ多収ハウスで低く推移し、低温期である10～5月までは高く推移し、多収ハウスでより好適な環境に維持されていた。湿度同様、全体的に標準偏差も小さいことから、多収ハウスにおいて、より安定した環境に制御されていたことが示されている。このように、ハウス環境を最適化することにより、生産性を最大化することが可能となる。

この他、温度の上がり方、下がり方は、果実と葉では大いに異なることも意識したい（図5）。早朝にハウス内気温が急激に上昇すると果実が冷たいため、果実表面に結露する場合がある。このような結露は、

➡相対湿度(%) ⬇温度	40%	45%	50%	55%	60%	65%	70%	75%	80%	85%	90%	95%
8 ℃	5	4.6	4.1	3.7	3.3	2.9	2.5	2.1	1.7	1.2	0.8	0.4
9 ℃	5.3	4.9	4.4	4	3.5	3.1	2.6	2.2	1.8	1.3	0.9	0.4
10 ℃	5.6	5.2	4.7	4.2	3.8	3.3	2.8	2.4	1.9	1.4	0.9	0.5
11 ℃	6	5.5	5 5	4.5	4	3.5	3	2.5	2	1.5	1	0.5
12 ℃	6.4	5.9	5.3	4.8	4.3	3.7	3.2	2.7	2.1	1.6	1.1	0.5
13 ℃	6.8	6.2	5.7	5.1	4.5	4	3.4	2.8	2.3	1.7	1.1	0.6
14 ℃	7.2	6.6	6	5.4	4.8	4.2	3.6	3	2.4	1.8	1.2	0.6
15 ℃	7.7	7.1	6.4	5.8	5.1	4.5	3.9	3.2	2.6	1.9	1.3	0.6
16 ℃	8.2	7.5	6.8	6.1	5.5	4.8	4.1	3.4	2.7	2	1.4	0.7
17 ℃	8.7	8	7.2	6.5	5.8	5.1	4.3	3.6	2.9	2.2	1.4	0.7
18 ℃	9.2	8.5	7.7	6.9	6.2	5.4	4.6	3.8	3.1	2.3	1.5	0.8
19 ℃	9.8	9	8.2	7.3	6.5	5.7	4.9	4.1	3.3	2.4	1.6	0.8
20 ℃	10.4	9.5	8.7	7.8	6.9	6.1	5.2	4.3	3.5	2.6	1.7	0.9
21 ℃	11	10.1	9.2	8.3	7.3	6.4	5.5	4.6	3.7	2.8	1.8	0.9
22 ℃	11.7	10.7	9.7	8.7	7.8	6.8	5.8	4.9	3.9	2.9	1.9	1
23 ℃	12.4	11.3	10.3	9.3	8.2	7.2	6.2	5.1	4.1	3.1	2.1	1
24 ℃	13.1	12	10.9	9.8	8.7	7.6	6.5	5.4	4.4	3.3	2.2	1.1
25 ℃	13.8	12.7	11.5	10.4	9.2	8.1	6.9	5.8	4.6	3.5	2.3	1.2
26 ℃	14.6	13.4	12.2	11	9.8	8.5	7.3	6.1	4.9	3.7	2.4	1.2
27 ℃	15.5	14.2	12.9	11.6	10.3	9	7.7	6.4	5.2	3.9	2.6	1.3
28 ℃	16.3	15	13.6	12.3	10.9	9.5	8.2	6.8	5.4	4.1	2.7	1.4
29 ℃	17.3	15.8	14.4	12.9	11.5	10.1	8.6	7.2	5.8	4.3	2.9	1.4
30 ℃	18.2	16.7	15.2	13.7	12.1	10.6	9.1	7.6	6.1	4.6	3	1.5

4.2 ←適切な飽差　6.9 ←許容範囲の飽差　14.6 ←蒸散多し注意　18.2 ←蒸散過剰、至急加湿または冷却

図 4　温度により植物体にとって好適な湿度は異なる(飽差表)

病害の発生を助長するとともに裂果の原因にもなりかねない。植物体温の部位別の特性を意識した温湿度制御が必要である（72 ページ図 7 参照）。

3. 二酸化炭素に関する理論と制御

光利用効率の向上には二酸化炭素（CO_2）の施用も有効である。施設内でトマトのような作物が群落を形成すると、樹間の CO_2 濃度は 200ppm 以下に低下する。このため、外気程度（400ppm）にその濃度を維持するだけでも生産性の改善が大いに期待できる。CO_2 不足は光呼吸によるエネルギーロスにもつながるため、CO_2 を適切に利用する技術は、光利用効率の向上のためにも有効である。

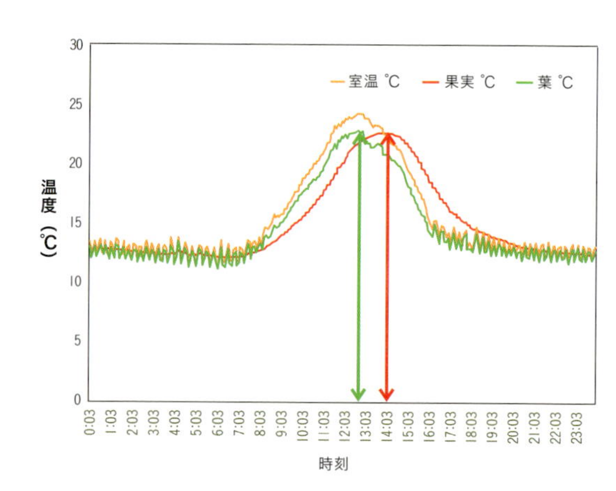

図 5　温度の上昇下降の仕方は葉と果実で異なる

品種:鈴玉を使用。12 月 5 日定植、2 月 2 日測定。暖房設定:最低 13℃、生長点から 18 枚目の先端葉および、その近傍の第 1 果房の 140g 程度の果実を着果状態で測定。

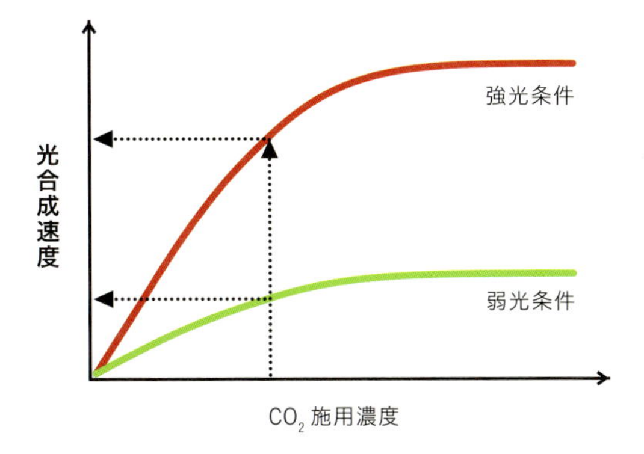

図 6　異なる光条件下における CO_2 の施用効果
同じ CO_2 施用濃度でも、光条件により効果（光合成速度）は大きく異なる。

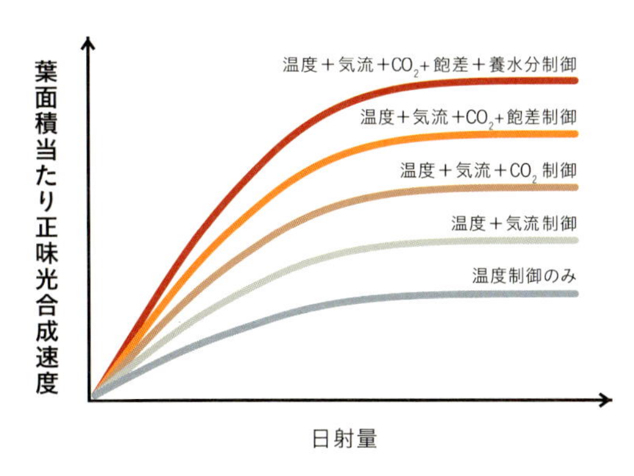

図 7　統合環境制御による光合成速度の変化の模式図（古在 2009 を参考に作成）
収量増加は、種々の環境制御の総合化により高まる。

一方で、光合成の仕組みから考えてもわかるが、日射量の違いにより CO_2 濃度が光合成速度に与える影響は大きく異なる（図 6）。日射量が多い時は CO_2 の効果は高いが、日射量が少ないとその効果は極めて低い。逆に状況さえ整えば、もっと積極的な CO_2 施用を実施すべきである。このように無駄なく期待される効果を発揮するには、植物生理の基礎的な理解は欠かせない。

4　複合制御から統合環境制御へ

ハウス内の温度制御のみではなく、光合成に関わる主要な環境要因を積極的に制御することにより光合成速度を大きく高めることができる（図 7）。収量増加は、種々の環境制御の総合化により高まる。最適化に向けては、作物の過去におかれた環境（日射、温度、湿度、CO_2 濃度等）、現在の環境、作物のステージにより異なり、その組み合わせを個別に検討するのは不可能である。しかし、ある程度類型化は可能であるので、適正な範囲での制御と試行錯誤により最適解が求められると考えられる。単なる組み合わせではなく、予測も含めた合理的なロジックが構築されてこそ統合制御といえるであろう。

今後、このような取り組みは、機械学習のスキームの導入で加速化されるであろう。現在取り組みが盛んとなっているAI技術を活用して、植物工場の環境制御技術はさらに進展することが期待される。

参考文献

中野明正ら監訳, 2017, 環境制御のための植物生理, 農文協.
吉田剛, 2016, トマトの長期多段どり栽培：生育診断と温度・環境制御, 農文協.
斉藤章, 2015, ハウスの環境制御ガイドブック, 農文協.

ソフトウェアの活用

農研機構　安 東赫

はじめに

われわれは日常生活のなかで当たり前のようにPCやスマートフォンを使っている。メールのやり取りをはじめ、スケジュール管理、情報収集、文章作成等々、数多い場面でなくてはならないものになっている。しかし、日常でPCを活用するようになったのはそれほど昔のことではない。スマートフォンも使い始めたのも10年程度しか経っていない。なぜ、これまでの短期間でこれらのツールが普及したのかを考えてみると、ハードウェアの発展だけでは説明できない。OS（オペレーティングシステム）に加え、アプリケーションのようなソフトウェアの存在が大きいと考えている。目的によって便利な機能を提供してくれるソフトウェアが数多く存在したため、少々高くても、PCやスマートフォンを購入するユーザーが急速に増えたと考えられる。

施設園芸分野ではどうなのか？ 施設内の環境を制御するためのシステム（ハードウェア）はあるものの、ソフトウェアの面では製造元が作成した専用のもののみで、設定判断をサポートしてくれるツールはほとんどない。自ら考えた制御方法ができるようにプログラムを変更してくれるメーカーもほとんどない。一方、1章でも紹介したとおり、UECSの主な特徴である共通規格のアプリの開発が容易であることを利用すれば、様々なツールの提供が期待できる。実際にUECS関連のソフトウェアが次々と開発されている。3章でもモニタリングソフトについて紹介したが、同じように、本書で説明した計測ノードや制御ノードの使用において実際に役に立つソフトウェアを紹介する。

1. UECS信号を確認してみよう（UecsRS、UECSパケット送受信支援ツール）

黒崎（2015）はUECS信号（UECS-CCM）が正しく送受信できているか確認できるソフトウェアを

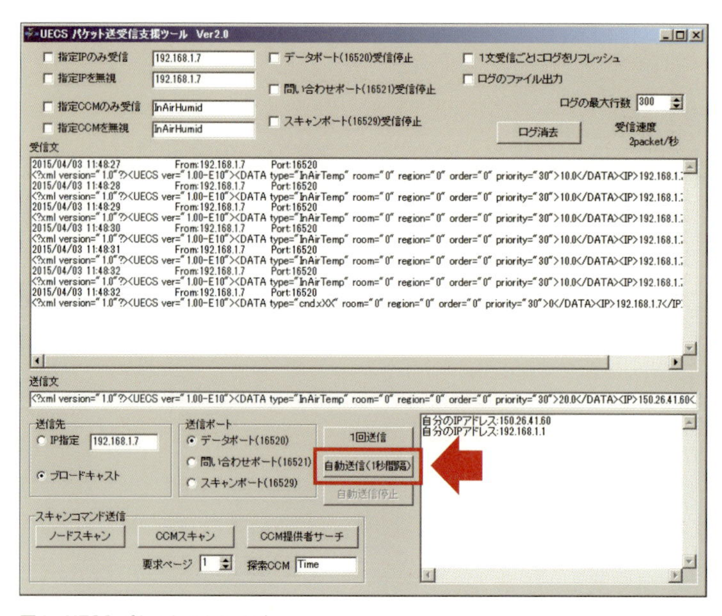

図1　UECSパケットアナライザ

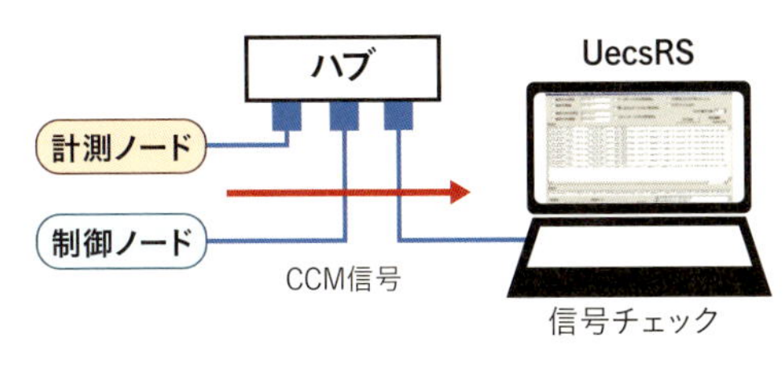

図 2　UECS パケット送受信支援ツールのダウンロード（上）および使用イメージ（下）

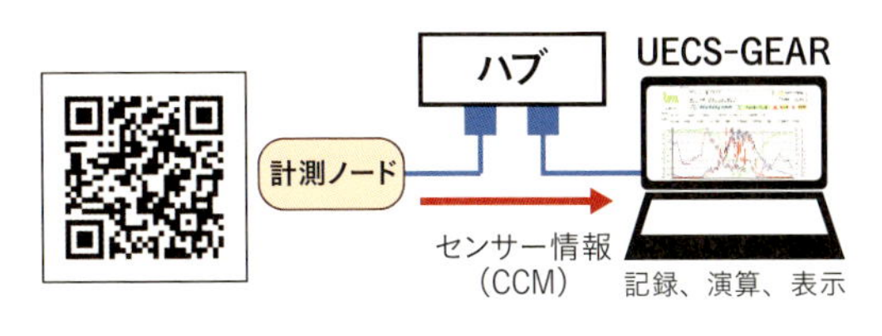

図 3　UECS-GEAR のダウンロードページおよび使用イメージ

開発した（図 1）。ホームページ（http://uecs.org/arduino/uecsrs.html）からファイル（UecsRS210.zip）をダウンロードし、PC に解凍する。図 2 下のようにノードと PC をハブで LAN に接続して、すべての機器を稼動させる。PC で「UecsRS210.exe」ファイルを実行すると、図 1 の画面が現れ、「自動送信（1 秒間隔）」ボタンをクリックすれば、LAN 上で流れている信号の通信文が受信文欄に記入される。もし、計測ノードの製作と設定が正常であれば、設定したすべてのセンサー値が確認できる。本アプリにはその他の機能もあるため、詳細についてはダウンロードページの説明を参照する。

2. 環境データを解析してみよう（UECS-GEAR）

「UECS プラットホームで日本型施設園芸が活きるスマート農業の実現」というプロジェクトの成果として、UECS-GEAR（星ら，2017）が公開された。ホームページ（http://smart.uecs.org/tools.html#sw2）からダウンロードしたファイルを実行するだけで使用

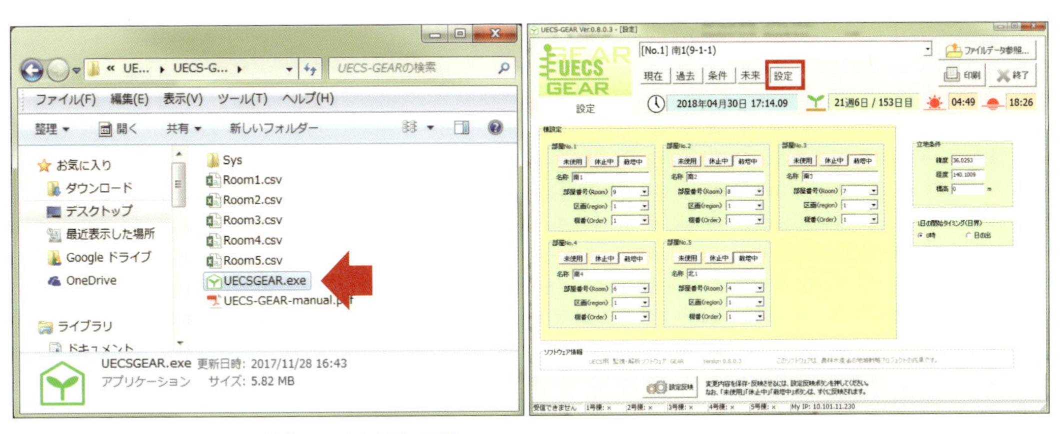

図 4　UECS-GEAR のファイル（左）および設定画面（右）

できる。図 3 のようにノードと PC を LAN に接続し、計測ノードから送信されるセンサー値を PC に記録するとともに、環境の探索や予想などで活用できる。図 4 左に示した「UECSGEAR.exe」ファイルを実行し、まず、設定（図 4 右）を行う。立地条件（緯度、経度、標高）や 1 日の開始タイミングの他、計測ノードに設定した（2 章）Room、Region、Order 値を入力し、「栽培中」のボタンを押した状態で、「設定反映」ボタンをクリックすると、UECS 規約どおりの信号であれば、LAN 上に送信される UECS 信号をモニタリングし始める。このアプリでは 5 つの異なる部屋まで設定が可能で、LAN 上に計測ノードを 5 つ接続して使うことができる。主な機能としては、現在と過去の気象データの瞬時値および平均値を閲覧できる機能や、各環境項目の単一または複数の様々なグラフ表示機能（現在・過去）をはじめ、病害発生条件の探査等、複数の項目の範囲と継続時間を指定して記録データを検索できる機能（条件）、各種環境データの指定期間の日積算値計算、日積算値達成日付の予測機能（未来）等々、施設栽培に

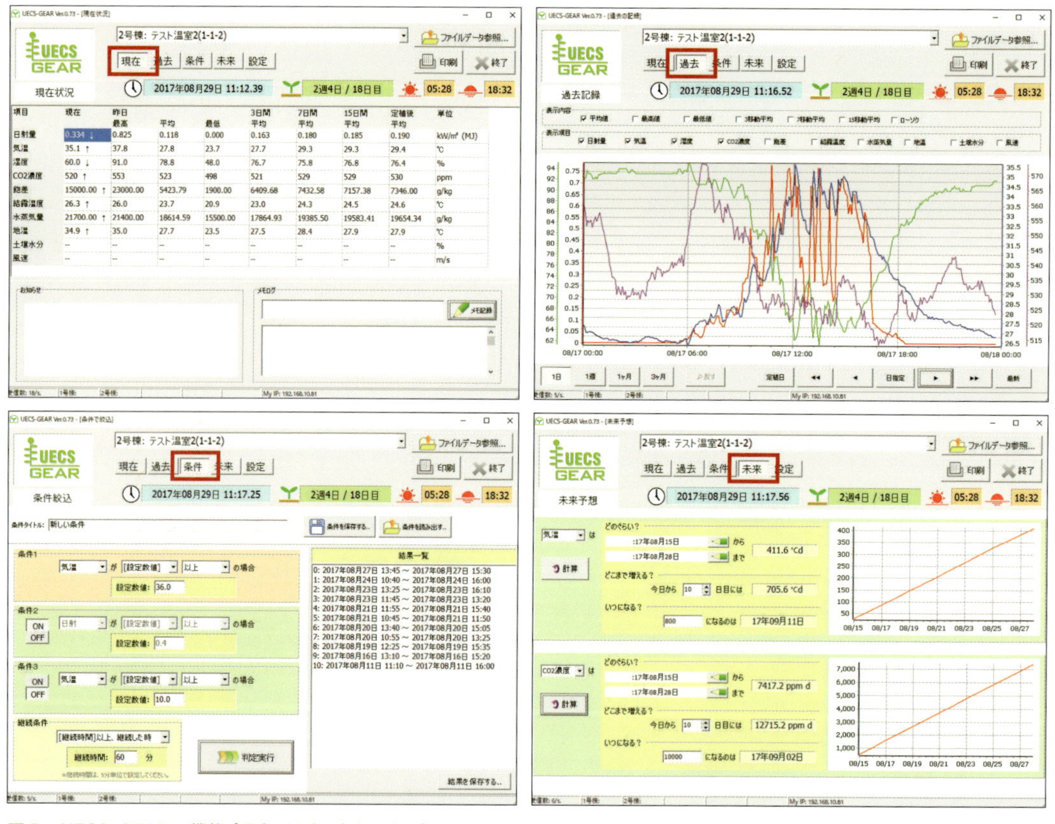

図 5 UECS-GEAR の機能（現在、過去、条件、未来）

おいて非常に重要な情報を計算してくれる便利なアプリである（図5）。ダウンロードページには本アプリの使用マニュアルも公開されており、詳細については参照していただきたい。

3. PC上で制御ロジックを作ってみよう（UECSロジック編集ツール）

一般的な制御システムは内蔵されたプログラムによって稼動するため、開発者が想定した動作以外の設定はできない。しかし、黒崎ら（2017）が開発した「UECSロジック編集ツール」（図6）を利用すると、自分が考えている制御をPC上で簡単に作成し、制御情報として送信することが可能である。本書で説明した制御ノードの場合は、Raspberry Piに内蔵されているプログラム（UECS-Pi）を使用しており、PCからUECS-Piの設定を変えることによって制御内容が決まる。しかし、このアプリを使う場合は、PCそのものが制御ノードの役割をし、制御内容を送信することになる。したがって、制御ノード側はこのアプリから送信される信号を受信し、リレーを制御するだけで良い（図7）。公開版のファイルはホームページ（http://smart.uecs.org/tools.html#sw3）から入手できる。ただ、本アプリを使用する際には許諾条件があるため、確認の上使用していただきたい。

このアプリの特徴としてはプログラミング能力がない初心者でも使える点や、汎用性が高いという点が挙げられる。図6に示した画面上でアイコンを選び、マウスでドラッグ＆ドロップして登録させたり、連動させたいアイコン間を重ね結線させたり、アイコンをダブルクリックすると詳細な設定が現れたり、ちょっとした理解さえできれば、まるで遊び感覚で制御ロジックを作成することができる。かなり複雑な複合環境制御ロジックも作成できるため、PC上でいろいろな制御テストをしてみることをお勧めする。

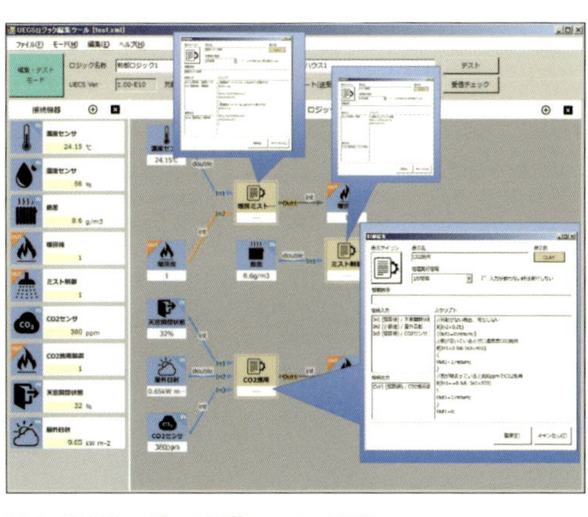

図6　UECSロジック編集ツールの画面

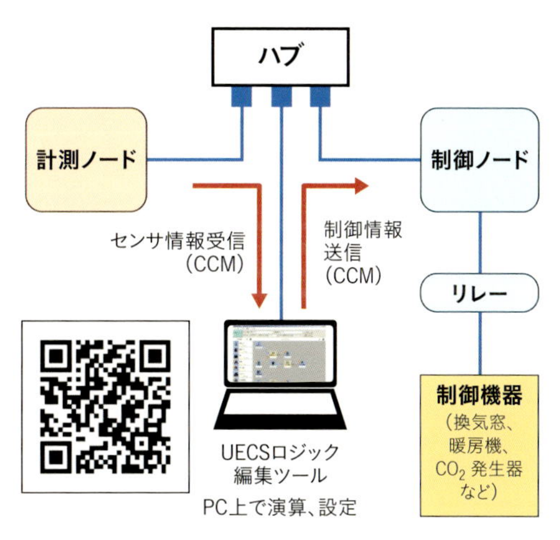

図7　UECSロジック編集ツールのダウンロードページおよび使用イメージ

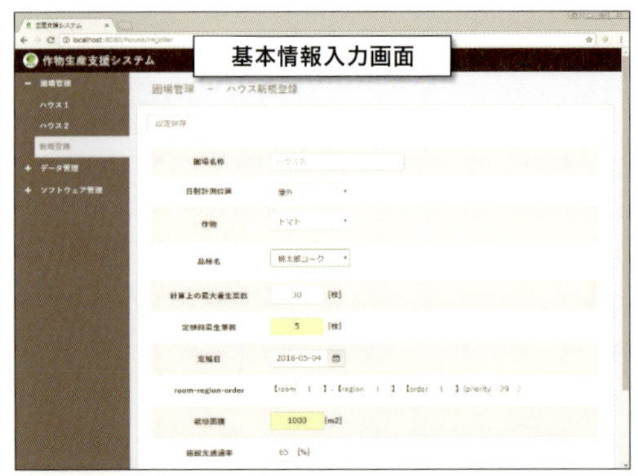

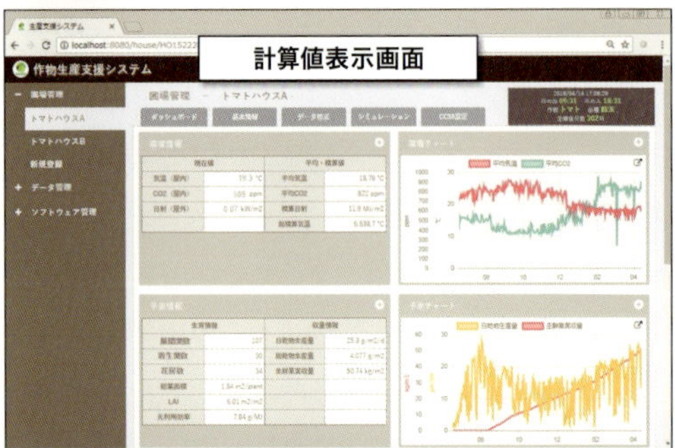

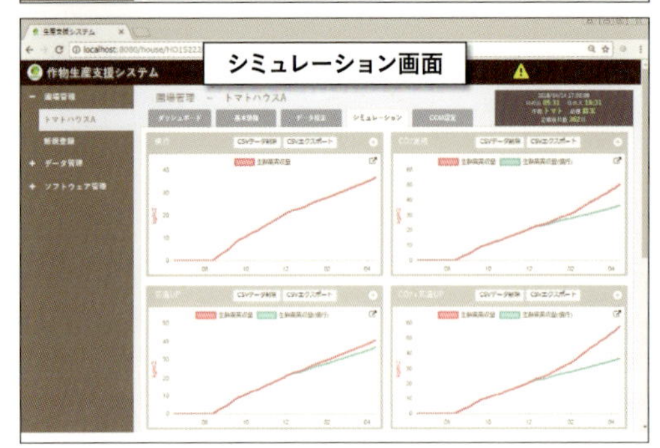

図8 生産支援システム（試作品）の画面

4. 生育モデルに基づいた賢い（スマートな）生産管理をしよう（生産支援システム）

施設栽培では、生産目標に合わせて、いかに生産性を上げられるかが最も重要である。そのため、燃料費や制御機器など、生産コストをかけて収量あるいは品質を最大化するための努力をする。しかし、地域ごとの気象条件が異なる日本では、施設内を一定環境に維持することは不可能に近い。そのため、作物の種類や生育ステージ、作型、生産者のスキル、管理方法等々、作物の生育を好適に保つことは至難の業である。いわゆる篤農家といわれる方達は、長年の経験と勘によって作物の状態を把握し、それに合わせて栽培環境条件を調整しながら生産を行っている。近年、このような篤農家の手法をデータ化しようとする取り組みや、篤農家の施設環境を分析・真似しようとする取り組みがなされているが、確実な成果はまだ見られない。おそらく、作物の生育データの不足に加え、環境条件と生育の因果関係が明確でないためと考えられる。

農研機構では日射、温度、CO_2濃度の気象条件と生育調査結果などで得られた生体情報を用いて、乾物生産および収量を計算できるツールを開発した（図8）。現在、試作品が完成し、動作確認や生産現場での検証を行っており、近日中に生産現場での実証を予定している。まずは、施設栽培において最もメジャーな作物であるトマトを中心に製作したが、キュウリやパプリカなど、他の作物にも対応できるバージョンを開発中である。

本アプリは、図9に示したように、計測ノードからUECS信号を受信するとともに、定期的な生育調査情報を入力することで、物質生産式から計算された情報を提供するツールである。本アプリを起動し、基本情報（作物、品種、栽植密度、施設の光透過率、定植日など）を入力して「設定保存」すると（図8上）、定植日から計算が開始される。主に表示される項目として、気象情報の瞬時値と平均値、計算情報として着生葉数、花房数、葉面積指数（LAI）、乾物生産量、収量などが表示される（図8中）。また、本アプリにはシミュレーション機能が設けられ、将来の環境制御データ（気温・CO_2 など）や栽培管理データ（LAI など）の想定値を入力して、収量をシミュレーションし比較することができる（図8下）。

トマトの低段密植栽培向けに試作したアプリもある（図10）。これらのアプリを使えば、施設内の管理温度を上げた場合や CO_2 濃度を上げた場合、どの程度収量に影響するのかをシミュレーション値で確認してから実際の栽培に適用することや、目標としている収量を達成するために必要な条件を確認しながら栽培を行うこともできる。さらに、UECS 規格に対応しているため、計算された情報を CCM 信号として活用すれば、よりスマートな環境制御ができるようになる。

現時点では限られた作物や品種について作成されているが、今後、使用事例や研究事例が蓄積し、地域別、作物別、品種別、栽培方式別などにデータベース化され、かなり高い精度で、収量予測やそれに合わせた労務管理までできるようになる（図11）。

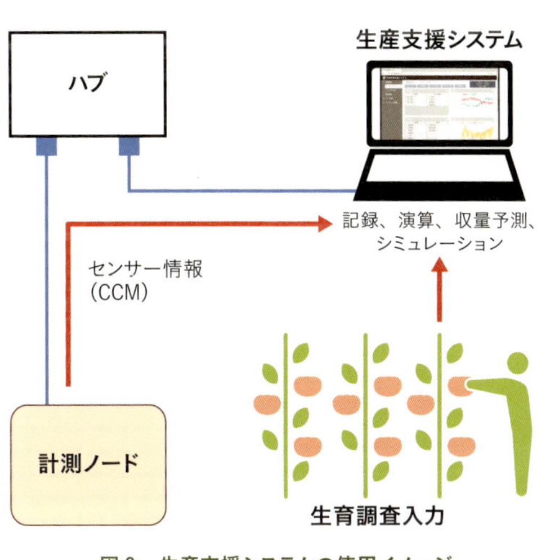

図9　生産支援システムの使用イメージ

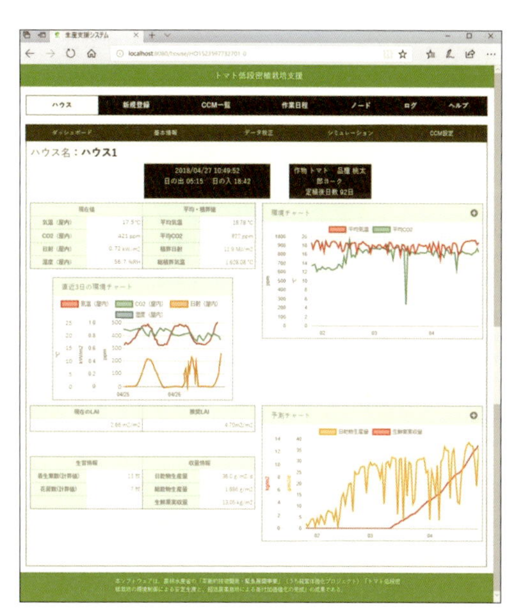

図10　低段トマト栽培用生産支援システム画面（試作品）

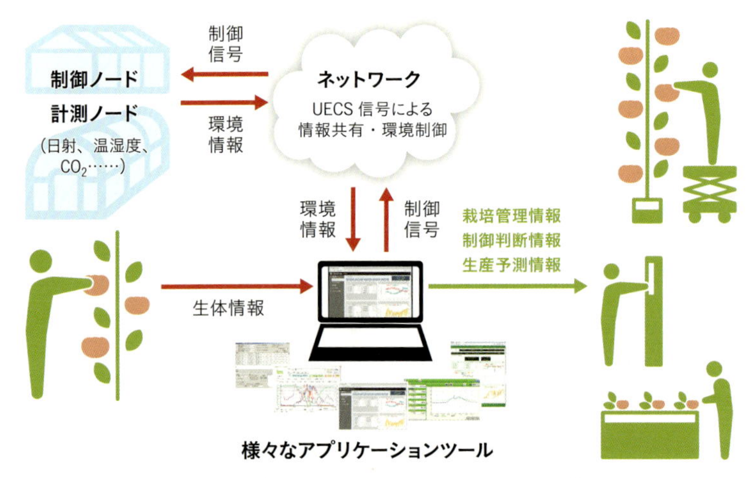

図 11　UECS アプリケーションを利用した賢い（スマート）生産

5. 最後に

今後も UECS 関連の便利なアプリケーションが開発され、ここに紹介したものもさらに改良されるであろう。これらのアプリケーションは、今まで研究で培った技術が生産現場にまで有効に生かせられるツールになる。せっかく計測ノードを自作したのであれば、モニタリングソフトを使って、データを解析してみるべきである。さらに、データを参照しながら、制御ノードでハウスの環境制御に手が届いた瞬間、UECS の便利さや可能性について理解できることは間違いない。

ここで紹介したアプリケーションのなかには、同じ PC で同時に動かせないものもある。信号のやり取りの部分で競合が起きるためである。同時に使用したい場合は、LAN に接続された異なる PC 上で稼働させることを推奨する。

参考ウェブサイト

UECS プラットホームでスマート施設園芸の実現、http://smart.uecs.org/index.html

星　岳彦、2018、UECS-GEAR 説明書、http://smart.uecs.org/tools/UECS-GEAR-manual.pdf

ユビキタス環境制御システム（UECS）技術、http://www.naro.affrc.go.jp/nivfs/contents/kenkyu_joho/uecs/index.html

UECS 研究会、https://www.uecs.jp/index.html

5章

実例で学ぶUECS導入

中小規模施設でのUECS導入 ◀岩手県の実証研究

岩手県農業研究センター 技術部
野菜花き研究室　藤尾 拓也

はじめに

1章で紹介したように、岩手県では中小規模施設でのUECS導入を前提に実証研究を行っている。大規模であれば高額な複合環境制御システムを導入できるが、中小規模ハウスでは制御システムが占める面積が小さいため導入コストが課題になる。UECSのように低コストで導入できる環境制御システムで多収となれば、中小規模でも施設栽培の高度化につながる。これまでは、主にUECSノードの自主製作や、モニタリング環境の設定や構築方法を中心に紹介してきた。ここでは、これらの導入事例と研究開発状況について紹介する。

写真上はパイプハウス（センター内）、
下は足場パイプハウス（実証施設）。

1. 実証システム

(1) Akisai施設園芸SaaS

当センターでは、UECS対応製品である富士通株式会社製のAkisai施設園芸SaaS（クラウド型遠隔管理サービス）により複合環境制御を行っている（図1）。このシステムは、施設園芸環境制御BOX（以下、環境制御BOX）と環境計測BOX（富士通九州システムズ）、クラウド通信BOX（富士通）とで構成されている。環境制御BOXは、制御出力を自由に変更できる汎用性があり、中小規模施設に向いている。環境制御BOXは1ユニットにつきオン・オフ系か窓開閉系制御機器のいずれかに対応できる（図2）。オン・オフ系ユニットは、最大8台の制御出力を持ち、①暖房機、②循環扇、③換気扇、④ミスト用電磁弁、⑤炭酸ガス発生機、⑥潅水用電磁弁を制御している。未使用の2出力も自由に制御機器を追加できるため、試験で空き出力に温水暖房を追加して活

図1　施設園芸 SaaS の構成例

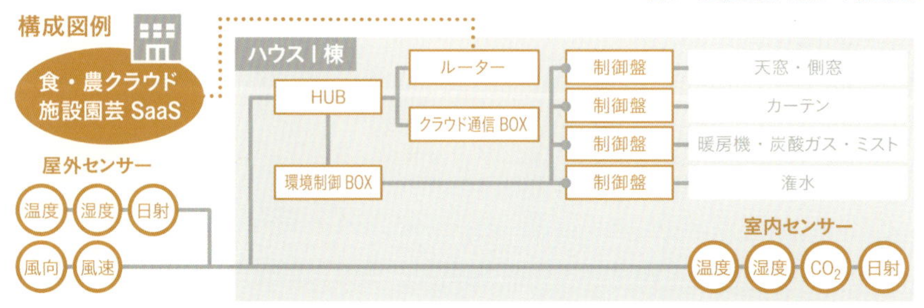

富士通（株）ホームページより、一部改変　引用元：http://jp.fujitsu.com/solutions/cloud/agri/uecs/control/

図2　環境制御BOX

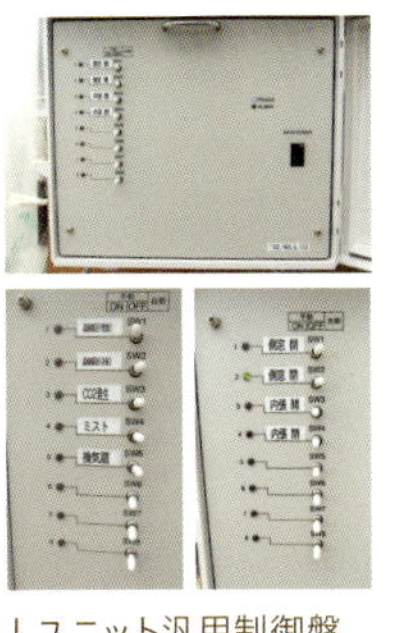

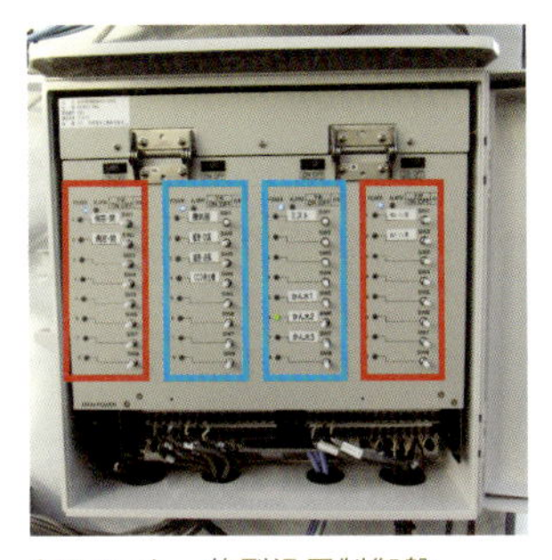

1ユニット汎用制御盤
中小規模温室向けの1ユニット制御盤。オン・オフ制御8台か窓開閉4台を制御でき、2ユニットあれば、温室にある制御機器類の大半は制御できる。

4ユニット一体型汎用制御盤
大規模温室、複数区画向けの4ユニット一体型制御盤。赤枠が窓系制御で青枠がオン・オフ制御のユニット。

図3　温室管理画面

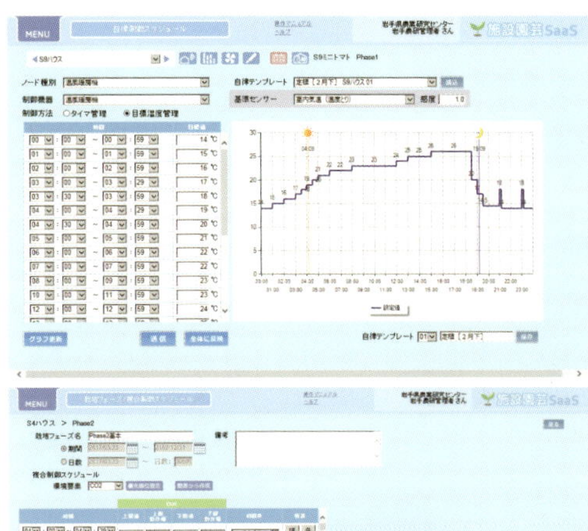

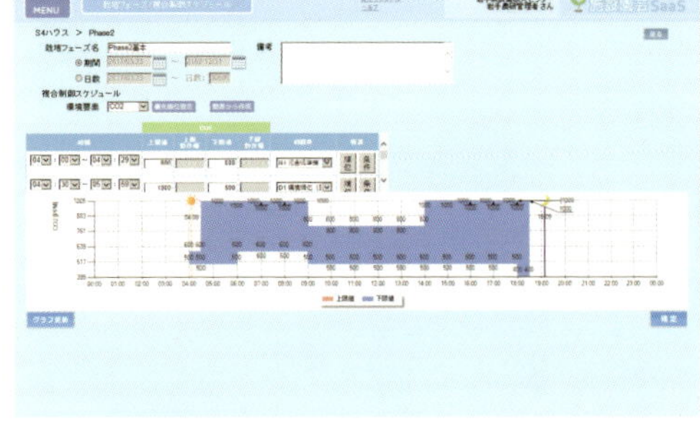

図4　制御設定画面
自律制御スケジュール（上）
複合制御スケジュール（下）

用している。窓開閉系ユニットは最大4台分の制御出力をもち、①側窓、②天窓（肩換気）、③内張保温カーテンを制御している。市販の複合制御盤のなかでは汎用的で低コストである。汎用性が高いので、環境制御BOX1台で今年は炭酸ガスと暖房機だけを制御して、来年はミスト制御も追加したいといった場合にも対応できるし、複数のハウスの暖房機をすべて1台で制御するといったことも可能である。多様な施設設備がある中小規模施設に導入可能である。

(2) 設定方法

Akisai施設園芸SaaS（図3）では、暖房機やカーテン、窓換気などのタイマー動作や温度制御のような基本的な動作設定は自律制御スケジュールで行い（図4上段）、24時間帯できめ細かい設定が可能である。炭酸ガス施肥や湿度、遮光制御などのような複雑な制御は複合制御スケジュールで設定する（図4下段）。これらの設定はクラウド（Webブラウザ）上で行うことができるため専用端末を必要とせず、市販のパソコンやスマホで遠隔管理が容易である。

動作条件の設定は、制御盤ごとに異なるが、設定値と実際の環境値とではズレが生じる場合があるので留意する。植物にとっては実際の環境値が重要であるので、目標とする環境値や環境推移に近づくよう制御機器を設定して動作させる。初めて環境制御に取り組むと、設定値が最適環境であると勘違いしてしまうことがあるので、グラフの推移や日平均値などの実測値で判断する意識づけが必要である。これらの設定値は生産管理履歴として記録している。

きめ細かく制御を行うほど設定項目が増え、条件設定値の保存は煩雑になるため、時間帯ごとに主要な項目を中心に記録しておくと良い（表1）。ハウス環境は絶えず変化しているし、前年とまったく同じ環境はありえない。それまでの条件設定値を参考にすることはあるが、そのまま適用することはない。

(3) 実証試験

当センターでは2016年度、中小規模施設で導入が多いパイプハウスで前述のシステムを導入して多収が可能か検証した。導入技術は表2のとおりで、必要最低限の制御機器は導入した。制御方法は参考文献（斎藤 2015、吉田 2016）などを参考に行った。また、比較対象として従来の空気暖房のみ行う加温

表1 設定値の記録例

設定日	制御機器	項目(単位)	N2	D1	D2	D3	D4	N1
			夜間:日の出前	午前:日の出後	午前:光合成促進	午後:転流促進	午後:日の入り前	夜間:日の入り後
			第1時間帯	第2時間帯	第3時間帯	第4時間帯	第5時間帯	第6時間帯
5月1日	時間帯	開始時刻(h:mm)	3:00	4:30	10:00	13:00	17:30	18:30
	側窓(外張)	換気温度(degC)	20	21	24	26	22	18
		開度(%)	20	22	24	26	22	20
	側窓(内張)	換気温度(degC)	20	20	20	20	20	20
		開度(%)	20	20	20	20	20	20
	温風暖房機	暖房温度(degC)	15	18	20	20	18	15
		温度勾配(degC/hr)	1	1	0	0	−5	2
		送風動作(On/Off)	100	100	0	0	100	100
	CO_2発生機	濃度(ppm)	400	400	800	900	600	400
		動作時間(秒)	120	60	120	120	90	120
		休止時間(秒)	480	240	180	180	510	480

表2 実証試験で導入した技術要素

環境要因	導入技術
光	栽植密度3.8株/m^2、通路白マルチ敷設
CO_2	ゼロ濃度差施用+ダクト局所送風
湿度(飽差)	多段階飽差制御法(H27成果)
温度	6時間帯変温管理(オランダ式)
隔離床	ロックウール、うぃずOne、ハンモック式
施設	パイプハウス間口7.2m、内部1層カーテン
作型	播種1/5、定植2/21、栽培終了12/26
品種	りんか409(みそら64)

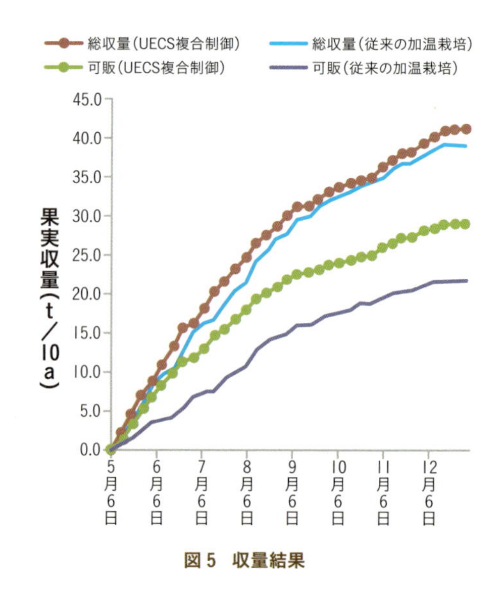

図5 収量結果

栽培とで収量性を検証した。その結果、10 a当たりの収量は、従来の加温栽培ハウスでは総収量39.1 t、可販収量21.6 tであったのに対し、UECS導入ハウスでは総収量41.2 t、可販収量29.0 tと多収となる結果が得られ（図5）、所得を倍増できる試算結果も得られた（平成28研究成果）。2017年度には、東日本大震災津波被災地である陸前高田市の実証施設（足場パイプハウス）でも同様のシステムを導入して総収量31.1 t、可販収量27.1 tを達成した。UECSによる多収は十分可能である。

2. 相互運用中のシステム

UECSは環境制御における通信の標準化を定めたもので、共通言語にあたるものである。そのため、UECS対応のハードやソフトウェアであれば異なるメーカーの計測装置や制御盤、ソフトを組み合わせて相互運用可能なシステムを構築することもできる。当センターでは、Akisai施設園芸SaaSをメインにシステム化しているが、（株）ワビットの「UECSゲートウェイ for おんどとり」も導入し、温湿度、CO_2を計測し、富士通製の環境制御BOXで制御するという構成でも3年間安定稼働している。

(1) UECSLLoggingSoft（3章で紹介）の活用

環境モニタリングは、前述の施設園芸SaaSと以前紹介したログソフトを併用して使用している。その理由は記録間隔にある。実用上は5分間隔の記録値を表示する施設園芸SaaSでも十分であるが、より詳細な環境変化を把握するため1分ごとに記録表示できるログソフトを併用している。

(2) UECSゲートウェイ for おんどとり

農業現場での環境計測で広く用いられているT&D社の「おんどとりRTR-500」シリーズを利用した製品である。おんどとりシリーズの多彩なセンサーの測定値をUECSの通信文に変換して利用できる。温湿度、CO_2、照度以外にも電圧や電流、パルス計測もできるので、多くのセンサーをUECSでのセンサー情報として利用できる。

当センターでは、温湿度、CO_2、日射強度、流量計（水使用量）の計測に活用している。この計測システムでは国内既製品を流用するため、保守管理が容易である。実際に温湿度センサーが不調になった時、注文から1週間以内に交換部品が到着し、すぐ交換できた。運用する際は、ゲートウェイに加え、おんどとりのデータ回収用の親機と計測用の子機が必要である。親機と子機は無線通信していて障害物の影響を受けやすいことから、親機（または中継機）と子機はできるだけ近いほうが無線通信は安定する。設置当初は通信が安定していても、植物体が繁茂してくると電波の障害物となって通信が不安定になる場合があり、親機と子機の距離を短くして対策する必要があった。

(3) 外気象計測のメリット

これまで解説してきたようにUECSは通信を標準化しているので、センサー情報が同一ネットワーク内にあれば共有できる。当研究室で管理しているハウスは単棟タイプが20棟あるが、各ハウスの側窓巻き上げ装置には降雨対策のため雨センサーが接続されている。従来の単体制御盤は盤ごとにセンサーが必要になるため20台設置している。UECSであれば雨センサーは1台で良い。同様に、風速センサーや日射センサーも屋外に1つで良いので、制御システム全体のコスト低減を図ることができ、保守管理も容易である。

3. 運用上のポイント

(1) 環境推移のチェック

できるだけ環境グラフを見る機会を増やすことが重要である。毎日、朝、昼、夕方の3回はハウスの環境推移を確認する習慣を意識すると良い。意図する環境推移からずれていれば、その都度制御設定を見直すと、徐々に意図する環境が設定できるようになってくる。グラフ表示は3日間の推移がわかると把握しやすい。

(2) 炭酸ガス濃度の計測

炭酸ガス濃度の計測は、通風環境のほうがセンサーの応答は早いが、計測部が汚れやすく時間が経過すると計測値が徐々に高くなるドリフト現象が早く発生し、故障する確率も高くなる。こうなると値の信頼性が担保されず、制御も安定せず非効率になる。炭酸ガスは拡散が早いので、温度計測のような強制通風は不要である。炭酸ガスセンサーを長期安定計測するために、センサーは樹脂ボックス内に格納し、下の打ち抜き穴で自然換気しながら測定すると良い。もし、より植物体周辺の環境を反映したいのであれば、観賞魚用のエアポンプなどを群落内にぶら下げ、その空気を格納ボックスに送り込んで計測すると良い（図6)。

4. 開発中の技術の紹介

(1) 試作複合制御盤（三基計装株式会社製）

低コストタイプの低圧ミストノズルを用いた場合に、効率的な加湿を行う制御ロジック（藤尾 2017）を実装した複合制御盤を試作し、イチゴの栽培試験で評価している（図7)。

(2) 学習キットの開発

環境計測や環境制御は多くの要因が関与するため、実際に体験してみないと理解が進まない面があ

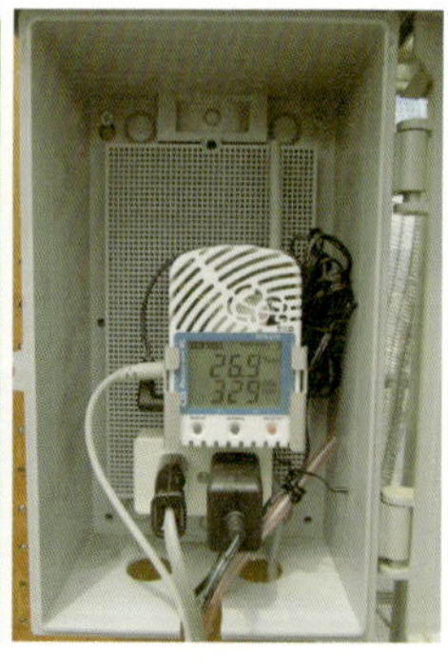

図6 炭酸ガスの測定方法
炭酸ガス測定は市販のエアポンプで群落内の空気をセンサーへ送り込むと、センサのドリフトが少なく長持ちする。

図7 試作制御盤（上段）
現地圃場への学習キットの設置（下段）

る。そこで、これまで紹介してきたUECS–Piを活用し、温湿度、炭酸ガス濃度の計測とオン・オフ制御出力1点のみに機能を限定した学習用基盤を開発している。当初は指導員向けに開発したものだったが、環境制御に関心のある生産者圃場にも試験導入し、環境計測、ミストや炭酸ガス施肥の制御を学習するツールとして活用が始まっている。

(3) 制御ソフトの開発

市販の制御盤で実装されている制御ロジックには、改良が必要な場合もある。他の制御盤では新型の制御盤に更新しないと対応できない場合が多いが、UECSに対応したソフトウェアを導入すれば、制御盤を更新しなくても、補完的に制御を改善することができる。4（1）で紹介した加湿制御ロジックは、筆者が開発した加湿制御ソフトで簡単に試すことができる。現在（原稿執筆時）、一般公開に向けて動作確認中である。このように、新しい制御や管理ソフトを既存の制御盤で試行できるのは、UECSのメリットである。

5. まとめ

海外製の高価な制御盤、施設を用いなくても、既存のパイプハウスと国内製のUECS制御盤の組み合わせで、もっと収量や収益を高めることが可能である。植物にとってより良い環境や生産効率を追求したい時は高規格ハウスや制御盤が必要になるが、既存の施設で環境計測や制御をし、収量や品質を向上してから大規模への展開を考えても良いように思う。また、UECSであれば、まずは環境測定装置だけ導入してモニタリングから始め、その後で制御盤を追加していくことも可能であり、段階的に自分の施設栽培の技術を高度化していくことができる。

UECSは柔軟性、拡張性の高いシステムであるため、人によっては複雑さを感じるかもしれないが、1年間運用すればそのメリットを実感することができると思う。これまで紹介してきたUECS–Piであれば低コストで始めることができるし、自主製作が難しければUECSゲートウェイ（UECS Station Cloud）や施設園芸SaaS等の市販サービスも選択できる。できるところから始めるだけでも、これまで気づかなかった栽培上の課題が明確になるので、ぜひチャレンジしてみてほしい。

参考文献

1 斉藤章，2015，ハウスの環境制御ガイドブック，農文協
2 吉田剛，2016，トマトの長期多段どり栽培，農文協
3 岩手県農業研究センター研究レポートNo.828
4 藤尾拓也，2016，『施設と園芸』（「ミニ情報」），（一社）日本施設園芸協会
5 安場ら，2016，低コスト環境制御システム構築のためのプログラムライブラリの開発，農業情報研究
※本調査研究は、先端プロ事業の一部として実施した。

パイプハウスでの栽培状況。

UECS活用に向けた取り組みについて

兵庫県の実証研究

兵庫県立農林水産技術総合センター
農業技術センター　農産園芸部　渡邉 圭太

1 はじめに

兵庫県での代表的な施設園芸品目にはトマトやイチゴが挙げられる。近年、これらの品目において高度環境制御技術への関心が高まりつつあるが、県内でのトマトの栽培面積は約57ha、生産農家戸数は431戸であり、一戸当たりの経営面積は平均すると約13aときわめて零細である。よって、高価な環境制御システムの導入はコスト面から難しい。

一方、UECS自作型システムは装置そのものが低コストである上、拡張性に優れることから、最小限の装備からスタートし、段階的にシステムを増設することにより、初期投資を抑えて生産者に無理なく導入可能であると考えられる。

そこで、現在実施しているUECS自作型システムを核とした試験研究の取り組みについて紹介する。

2 システム構築のための技術習得とコスト試算

1. 技術習得

平成27年9月から11月まで、農研機構野菜花き研究部門植物工場つくば実証拠点にて、UECS自作型システム構築のための技術習得を目指した3ヵ月間の長期派遣研修に参加した。そこで得られた装置組み立てから設置・使用方法までのノウハウを職員間で共有し、試験研究の効率化を目指した。

情報共有に際しては、品目・分野を横断した当センター内部の研究チームである「施設園芸推進チーム」を対象に、実習形式の定期研修を年間4回実施した。研修のなかで、UECS自作型システムのセンサーノードおよび制御ノードを11名のチーム員で3セット自作し、当センター内圃場に設置し試験運転を行った。これにより、UECS自作型システムの装置組み立てのノウハウや活用法を、研究員間で共有することができた（写真1）。

2. コスト試算

県内の普及を想定したコスト試算を示した（表）。

県内のトマトおよびイチゴ生産者で最も多い土耕および養液土耕栽培に対応できるよう、土壌水分センサーを組み込んだセンサーノードを想定した。対象施設を300m^{2}ガラス温室1棟、トマト養液土耕栽培、被制御機器装備済みとした。必要部材を購入し、すべて自作施工による導入を想定した場合、UECS自作型システムのイニシャルコストは18万2,000円と試算された。モニタリング用パソコンについては、手持ちのものがあれば転用可能であるため、この場合さらなる低コスト化が見込める。イニシャルコストは市販の環境制御システムよりも明らかに低コストである。

また、同システムを12年間稼働した場合のランニングコストは、センサー類の交換やキャリブレーションに係る経費が想定され、年間3万3,963円と試算された。

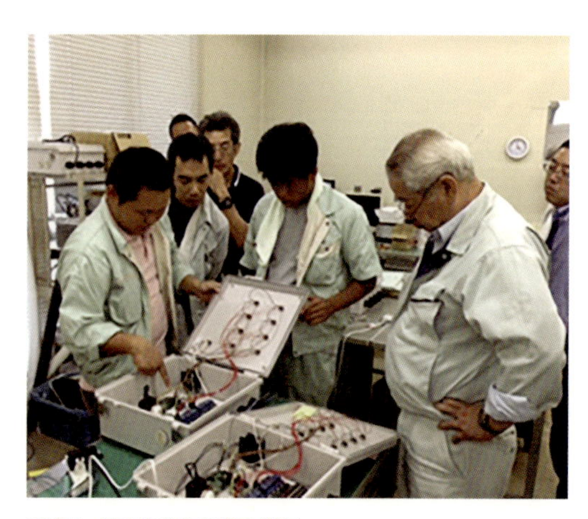

写真1　UECS自作研修の様子

表　UECS自作型システムコスト試算

前提条件
①300㎡ガラス温室1棟（トマト養液土耕栽培、年2作）に導入
②導入技術：オランダ型変温管理、CO_2ゼロ濃度差施用、日射比例潅水等
③窓部開閉装置、潅水装置、暖房機、CO_2発生装置等の被制御機器は装備済
④必要部材を購入しすべて自作・自家施工

項目	価格[※1]（円）	備考
イニシャルコスト	182,000	
環境制御ノード	32,000	
制御基板類	18,000	Raspberry Pi（2 model B）＋microSDカード（産業用規格）
リレーユニット	4,000	
その他部材	10,000	コード、収納ケース類等
環境測定ノード	78,000	
温湿度センサー	3,000	SHT-21
CO_2センサー	14,000	CO_2Engine K30
日射センサー	16,000	PVSS-01
土壌水分センサー	15,000	CDC-EC-5
制御基板類	18,000	Raspberry Pi（2 model B）＋microSDカード（産業用規格）
その他部材	12,000	コード、収納ケース類等
LAN構築	72,000	
モニタリング用PC	50,000	
LANケーブル	10,000	@100円×100m
コード類	5,000	@50円×100m
スイッチングハブ	2,000	
その他部材	5,000	
ランニングコスト	33,963	年間
消費電力	15,330	@0.07kW/h×24時間×365日×25円/kWh
センサー類メンテナンス	18,633	年間
温湿度センサー	3,000	@3,000円、1年ごと
日射センサー	2,667	@16,000円、6年ごと
土壌水分センサー	5,000	@15,000円、3年ごと
CO_2センサー	4,667	@14,000円、3年ごと
CO_2センサー校正[※2]	3,300	@3,300円、1年ごと

※1　消費税、施工費を含まない。
※2　CO_2キャリブレーションキット@30,000円、CO_2標準ガス@3,000円、それぞれ10回使用

3　場内試験への活用

1. LEDランプを用いたトマトの群落内補光の検討（平成28年度）

寡日照期のトマト群落内補光における光源からの熱および光がトマトの収量性に及ぼす影響を評価するため、UECS自作型システムを用いて試験を実施した。

試験は当センター内ガラス温室で、NFT水耕方式のトマト低段密植栽培圃場にて実施した。センサーノードはハウス中央の群落内に1台設置し、群落内の温度、湿度、日射量を計測した。制御ノードのリレースイッチにはアクチュエータとして群落内補光用のLEDランプおよびランプ用の定電流装置を接続し、群落内補光ノードとして稼働させた（写真2、3、4および図1）。稼働条件は日の出から日の入りまでの間で、かつ群落内の日射量が50W/m^2（PPFD200 μmol/m^2/sに相当）以下の場合に連続稼働するよう設定した。群落内補光を行う補光区、補光の代わりに群落内補光と連動して稼働するヒーターを設けた加温区および処理を行わない対照区を設け、平成28年12月〜平成29年3月まで補光および加温処理を行った。

その結果、地上部の乾物生産量は補光区＞加温区＞対照区の順に多くなり、寡日照期における群落内補光の効果は、光源からの光と熱両方の影響を受けることが示唆された（図2）。

写真 2　群落内に設置されたセンサーノード

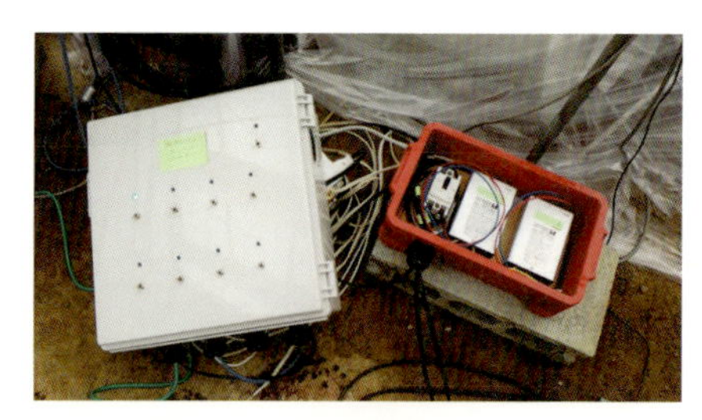

写真 3　制御ノードと定電流装置

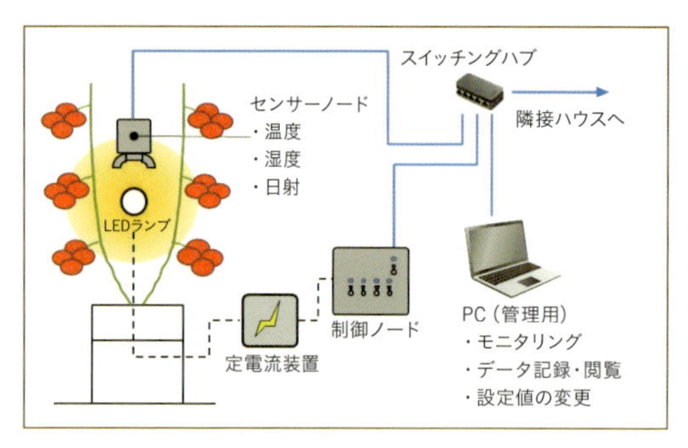

図 1　UECS 自作型システムを用いた
群落内補光システムの概要

写真 4　群落内補光の様子

2. UECS複合環境制御による高温期の育苗技術の開発（平成29年度）

夏季高温期の育苗では、トマトの開花節位の上昇、不良花の発生、イチゴや鉢花類では花芽分化・開花の遅延などの問題があり、本圃での収益性の低下につながっている。そこで、昇温抑制の基本となる側窓換気、遮光カーテンに加え、これまでに当センターで開発した気化冷却式底面給水、ヒートポンプ夜間冷房を組み合わせ、UECS 自作型システムにより複合的に制御・自動化することで健苗育成を図る（図 3）。試験実施主体を前述の「施設園芸推進チーム」とすることで、品目や分野を横断した連携体制を取っているため、供試品目はトマト、イチゴ、レタスやキャベツ等の野菜類に加え、カーネーション、シクラメン、プリムラ等の花き類からイチジクのような果樹類まで多岐にわたる（写真 5）。

一方で、施設内の環境制御に関しては夜間冷房、日射比例潅水、カーテンおよび側窓開閉など制御項目ごとに担当者を設けて役割分担を明確化し、各自で最適な制御ロジックを検討していく方針である。

また、本課題では当センター内の既設パイプハウスを大幅リフォームし、複数の被制御機器を複合的に稼働させる。これにより、現地導入に先立って各種トラブルの種類およびその対処法など、本システムの導入および運用上の問題点を明らかにする目的も兼ねている。

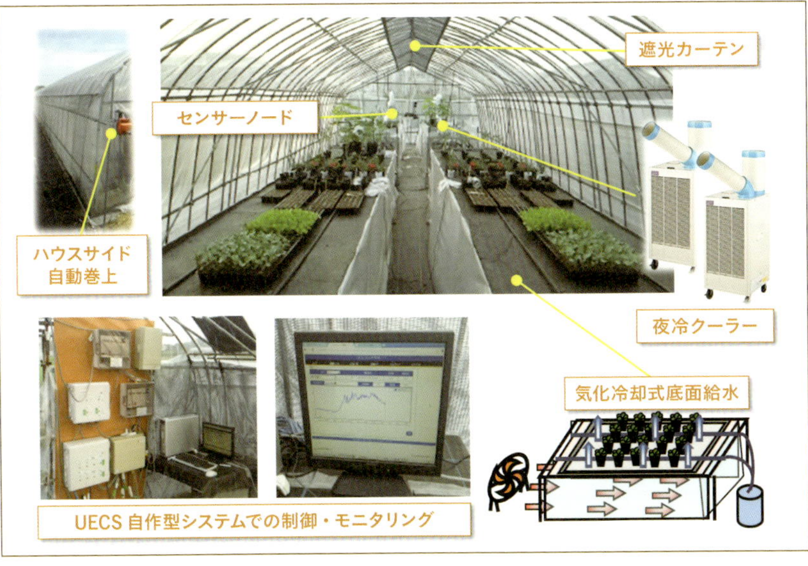

図 3　複合環境制御による高温期の育苗改善試験の概要

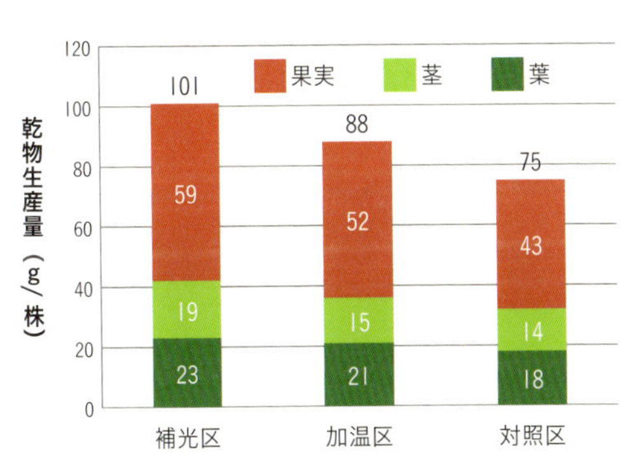

図 2　群落内補光および熱がトマトの乾物生産に及ぼす影響

写真 5　育苗試験中の施設内の様子

3. 中小規模土耕ハウスにおけるトマトの低コスト環境制御技術の開発（平成29～31年度）

県内のトマト栽培施設では、土耕および養液土耕方式による栽培が主力である。そこで、中小規模のトマト土耕栽培施設に導入可能な低コスト環境制御技術として、UECS 自作型システムを活用した①日射量および土壌水分に対応した自動潅水システム、②換気状況に応じた効率的炭酸ガス施用システムの開発等に取り組んでいる（図 4）。

また、トマトでは耐病性付与や樹勢維持のため強勢台木への接ぎ木が行われる。接ぎ木苗の養生における作業労力の省力化および接ぎ木苗の活着率向上を目的として、③温湿度管理による省力的育苗技術の開発にも取り組んでいる。本課題では、PO フィルムで四方を覆った生育用チャンバーに、気化冷却冷房装置である簡易設置型パッド & ファンシステムを組み合わせた「作物育成システム」を用い、生育用チャンバー内の環境条件を UECS 自作型システムでモニタリング・制御している。当センター内試験と並行して現地圃場での実証試験にも取り組んでおり、接ぎ木苗の養生に最適な環境条件を維持することで、接ぎ木苗の活着率向上と大幅な作業労力の削減が実

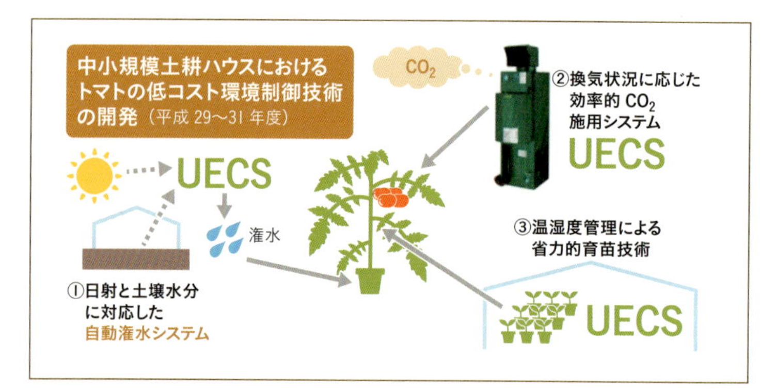

図4 トマト中小規模土耕栽培施設に導入可能な低コスト環境制御技術の開発

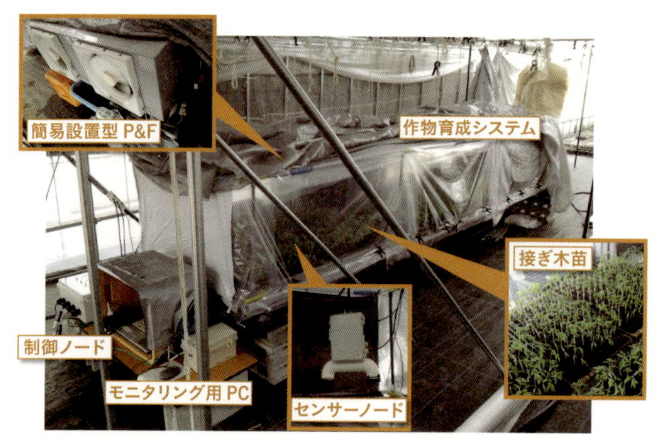

図5 トマト接ぎ木苗養生システムの外観（現地実証圃場）

写真6 UECS組み立て研修会の様子

現しつつある（図5）。

（近中四農研、兵庫県農技総セおよび現地実証農家とで協定研究中）

4 生産者を対象とした研修会の実施

平成29年11月17日に当センターにて研修会を開催し、UECS自作型システムの組み立て実習を行った（「低コスト環境制御技術活用研修会」、主催：兵庫県次世代施設園芸技術習得支援協議会）。県内の各地域より、環境制御技術に意欲的な生産者6名をはじめ合計15名が参加し、UECS自作型システムのセンサーノードの組み立てから、モニタリング用パソコンとの接続方法や、ロギングソフトを用いたモニタリングデータの記録方法について、実習形式で学習した（写真6）。

5 今後の取り組み方針

1. 行政との連携

本県農政環境部農産園芸課では、平成29～31

年度にかけて、高度環境制御技術の普及拡大を目指した「次世代施設園芸技術習得支援事業」を実施している。兵庫県の施設園芸では産地が点在し、かつ品目や栽培方式も多様であるため、県下に15ヵ所の実証拠点を設け、各地域の農業改良普及センターと連携しつつ、環境制御技術を活用したトマト、イチゴの栽培実証試験に取り組んでいる。本事業ではコスト面、拡張性および汎用性の観点から、UECS規格に準拠した環境制御システムも導入されている。よって、当センターで開発された環境制御に関する技術は、随時これら実証拠点に導入し、地域への波及を目指す予定である。

6 おわりに

UECS自作型システムは、その名のとおり自ら作り上げていくものである。導入に際しては装置の自作・設置、制御ロジックの構築から日常のメンテナンスやトラブル対応まで、煩雑と感じるプロセスも含まれる。しかし、システムは汎用性・拡張性に優れ、活用の自由度が高い点は非常に魅力的である。

今後、本システムを活用した技術開発に取り組み、県内の施設園芸作物の生産拡大に寄与できれば幸いである。

ガラス温室でのトマト栽培状況。

私にもできた！UECS-Piで環境制御

静岡県の生産者事例

元気・はつらつ農園株式会社代表　加藤 敦

多くの農家の方には、「本当に自分でシステムを作れるのか？」、「作ったものがハウスの環境計測や制御に使えるのか？」、「どうせ電子工作や制御の知識があるからできることでしょう？」などの疑問の声もあるだろう。ここでは生産者によるUECSの導入事例を紹介する。自らシステムを製作し、実際の生産現場に導入・活用している生産者は多くない。専門家でない私がどのような経緯で導入を決め、どのようなことができているのかを伝えたい。

1 はじめに

元気・はつらつ農園（株）の代表を務める私・加藤敦は、静岡県三島市でミニトマトを栽培している。今回は私どもの圃場に導入したUECS-Piについて紹介したいと思う。4つのハウスにハイポニカプラント（協和株式会社）を使用し、水耕栽培でミニトマトを作っている（写真1）。栽培面積は約5反（5,000m^2）、8月初旬に定植し、翌年7月中旬まで栽培をしている。収穫物はJA三島・函南に共選出荷している。

2 導入までの経緯

私でも、施設栽培において、環境制御の重要性には気づいていた。以前からいろいろな環境制御に関する著書を参考に、自己流で温度設定のつまみを回したり、最適飽差表を見ながらミスト装置を動かしたり、CO_2機器を稼動していた。市販の環境計測システムも購入して積極的に講習会にも参加するように心がけた。しかし、最初はうまくいかず、失敗の連続だった。例えば、春先にミストを噴きすぎた結果、葉が結露だらけになったり、曇っているのに温度をガンガン上げたり、摘葉をおろそかにしたり、今振り返ると、めちゃくちゃな管理をしていたと思う。

ちょうどその頃、埼玉県の大熊陽介さんのブログにて、DIYで環境制御できる機械があることを偶然知った。自分で機械を作って環境制御ができるものなのかと興味が沸いてきて知りたくなった。1人では心細かったが、近所に新規就農した佐藤光さんと栽培について話しているうちに意気投合して、大熊さんに連絡をとって、その内容を見せていただくことになった。見学の時にはUECS-Piの開発者である（株）

写真1　ミニトマトを生産しているハウス（左）および栽培風景（右）

ワビットの戸板裕康社長と小林一晴さんも同行してくれ、ハウス内で使用している各装置について丁寧に説明してくれた。行きの車内では「どうせおもちゃみたいな機械だろうから過度に期待してはいけないね」という感じだった。しかし、現場での様子を見た時は衝撃だった。見た瞬間、「これがほしい！」と思うほどであった。見学後、居酒屋で小林さんにノードを製作してほしいとお願いしたところ、「素人でもできますよ。どうせなら、一からすべて自分で作ったほうが絶対良いです。部品の交換や電気の仕組みがわかるようになりますからね。また、製作マニュアルもあるからたぶん大丈夫です」と勧められた。私は酔った勢いもあり、「そこまで言うなら、絶対作ってみせるよ！」とその場で約束した。帰りの車内ではハウスすべてにUECS-Piを使ったシステムの導入を決め、「佐藤さんも一緒に導入しようよ！」と勧誘しながらワクワクして帰宅したのを覚えている。

3 実際の製作から運用まで

製作マニュアルの部品リストを頼りに、ネットショップから部品を取り寄せて、基板へのはんだ付け、ジャンプワイヤーの加工、配線、ボックスの穴開け、加工など、普段やったこともない工作が始まった。初めてのセンサーノードを作り上げるのには、約3週間かかった。マニュアルを見てもわからない部分は、同じ時期に管理人として立ち上げた「サイボウズ・Team UECS-Pi」というSNSサイトを使い、配線図や写真を送ってもらったり、同時期に作り始めた人たちや（株）ワビットに質問をしたりしながら、1つずつ製作課題を解決していった。ちなみに、農家によるセンサーノード製作の第1号を目指していたが、どうやら、和歌山県の西歩さんがすでに製作稼動していたことを後で聞いた。

2016年4月から7月にかけてセンサーノード4台、Basicノード4台、コントローラキット2台の計10台を少しずつ作り上げた。同年8月には（株）ワビットの戸板社長、小林さん、大熊さんを講師として、函南町で2日間の製作講習会を行った。三重県からはるばるやって来た 小椋一昭さんを含む5名で、作りかけのノードを持ち寄り、仕上げていった。また、外気象計測用のノードは製作マニュアルがなかったため、2台分の製作を小林さんに依頼した。コントローラと各制御機器との接続は、三島市の松川電気や電気工事士の稲葉さんにお願いした。私の希望を聞き取りながら、約1週間かけて丁寧に設置していただいた。

制御ノードのハウス内への設置は完了したが、センサーノードがすぐに止まってしまうトラブルに見舞われた。2回程、調子の悪いセンサーノードを（株）ワビットの東京事務所に送って、アドバイスをいただいた。原因は、私のはんだ付け技術等の配線の至らなさだった。返送されてきたノードの指摘してもらった部分を改善し、連日室内で稼動させて揺さぶったりしながら、実用に耐えうるかテストを行った。このようなチェックを重ね、やっとハウス内に入れることができた。

さらに、PCでの設定等でもわからないことだらけで、microSDカードのフォーマットの仕方、ファーム（イメージファイル）の書き込み方、インターネットプロトコルの設定変更、ルータの設定など、佐藤さんにいろいろ教えていただいた。

次の問題は、実際の制御をどのように行うかだった。まずは講習会の時に、大熊さんから実際行っている制御内容が入っているExcelファイルをいただき、これを雛形として制御ノードの設定を行った。どうしても打ち込みミスがあるため、実際に稼動させた時には暖房機が止まらなかったり、設定していないのに天窓が開いてしまったりと予期せぬ動きに相当手こずった。初めてPCの画面から遠隔操作だけで天窓の開け閉めができた時は、思わず感動して小林さんに電話をかけ、実況中継をした。

使っているうち、だんだんわかるようになると、当初のUECS-Piバージョンにない機能を（株）ワビットに追加してほしいとお願いするようになった。例えば、PCの運用画面からは現在どのような条件で動いているのか、止まっているのかが、わからなかったため、「詳細モニター」という機能をつけていただき、容易に機器の動きを捉えることができるようになった。また、変温管理など、制御設定条件の数が当初は10段階だったが、これでは足りないと思い、要望を出して、最終的には30区段階まで増やしていただいた。このように、運用していくなかで使いにくい部分やもの足りない部分、あってほしい機能など、SNSで各自が要望を出した結果、（株）ワビットの戸板社長が速やかに改良を重ねて下さり、徐々に快適に使える立派なものになっていった。

その一方で、伊豆の国市の伊藤茂雄さんが、ダミーのアクチュエータ方式を考案した。時間帯ごとに希望設定温度を設定し、その設定条件との差分で天窓や暖房機などを制御条件に反映させていくという、通称「トリッキー設定」である。文字で書くとややこしいが、設定も難しかった。UECS-PiにPID制御が登場するまで、天窓はトリッキー設定にて運用を行っていた。
「複合センサー」という機能に関しても、伊藤さんの強い要望で実現し、柔軟にセンサー機能が使えるようになった。現在まで、UECS-Piに搭載された機能のほとんどの進化は、（株）ワビットの企業努力のおかげもさることながら、伊藤さんのような、農家目線での要望や実装の繰り返し抜きでは語れない。

その後、ステーションクラウド（通称：ステクラ）という、（株）ワビットが運用するクラウドサービスを利用した。ステクラには警報設定ができる。ノードが重度のエラーを起こした際に、1時間ごとにメールを送信してくれる機能はとても重宝した。いかんせん自分が作った基板だったので、いつどんな不具合が発生するかわからず不安だったのと、Raspberry Piもパソコンなので不意のフリーズなどがあり、仮にセンシングが止まると、制御で使う信号が飛んでこなくなり何もできない状態になるためだ。もちろん、制御ノードも不意にエラーで止まる可能性があるため、常に携帯電話は手放せない状態になった。最近では、センサーノードにバックアップ用として、接続方式の違う、もう1つの温度・湿度センサーを追加設置した。仮にメインセンサーが機能しなくてもバックアップ用センサー値から参照するように設定し、安心感は著しく増した。また、センサーごとに死活警報を設定することも可能になった。

今までは、自宅や出先から制御を変更する場合、遠隔操作が可能なソフトウェア（TeamViewer）を利用し、ローカルコンソールに入り変更していたが、機能追加後は、ステクラからVPN接続によって遠隔操作がより簡単かつ軽快になった。

最近はセンサーノード用基板もプリントされた専用基板になっているため、はんだ付け等での作成時間が大幅に短縮された。先日、その基板に入れ替えたのだが、はんだ付けからセンサー配線まで1時間程度でできるようになった。天窓の開閉にPID制御が導入されてから、形状が異なるハウスでも、温度管理はかなり揃うようになった。

写真 2　ハウス内に設置したセンサーノード

4　設置してあるノードについて（ハウスによって若干仕様が異なる）

(1) センサーノード（写真 2）：ハウス内温度・湿度センサー 2 セット（メイン I2C 接続センサーおよび不具合時のバックアップ用 1-Wire 接続センサー）、ハウス内の温度、相対湿度、絶対湿度、露点温度、飽差、DIF、CO_2 センサー

(2) 制御ノード 1：天窓（東系統）、（西系統）、保温カーテン

(3) 制御ノード 2:暖房機（バーナー）、暖房機（付属ＦＡＮ）、CO_2 施用用バーナー、ミスト、遮光カーテン

(4) 外気象ノード： 気温、相対湿度、絶対湿度、日射、降雨、風向、風速

(5) ステーションクラウド：（午前、午後、夜間）平均温度、24、48、72 時間平均温度、暖房燃焼時間、CO_2 発生装置稼働時間、積算日射量、飽差 1 以下遭遇時間、（前夜半、後夜半）平均温度、DIF 等データ自動記帳。各種警報（ノードエラー、センサー死活、任意センサーの値範囲逸脱）。アクチュエータの作動状況確認等

写真3 ハウス内に設置した制御ノード

5 まとめ

最初は勢いのみで始まった取り組みが、今ここまでできるようになったのは、いろいろな方の協力のおかげだと思っている。本稿を書きながらも、いつからこんな専門用語を使えるようになったのか不思議なくらい、自分でも驚いている。「もっと立派な栽培ができるようにしよう！」という一心で始めた取り組みだった。最近は、SNSのユーザーも増えており、システムの製作に関する研修会や環境制御に関する情報提供など、様々な機会が設けられているようだ。決して私は専門家ではなかった。興味がある方は、ぜひトライしてみる価値はある。

一方、本システムを導入する前は、制御機器を導入さえすれば、「収量が上がる」または「作業が楽になる」と信じていたため、肝心の株を見る作業をおろそかにしてしまった。コンピュータの数字合わせばかりに夢中になってしまって、楽になるどころか、エラー対処にも追われ、作業時間を圧迫し、初年度は正直期待していたほどの収量は達成できなかった。一番肝心なのは、本書でも述べられているように、「環境制御システムは適切な栽培のためのツールにすぎない」ということだ。地道な生育調査や日々の植物の状態をよく見ることが最も大切であることを、初年度の失敗で身にしみてわかった。

このシステムの構築過程で一番の収穫は、本システムを通じてたくさんの知り合いができたことだ。このシステムに関わる共通の話題ができて苦楽をともにする仲間ができたのは、私にとって、なによりだった。丹精込めて作ったこのシステムが、わが子のように手間がかかり、イライラすることも多々あったが、自分で工夫した設定がうまく制御に反映された時は、とても嬉しい気持ちになった。これからも壊れるまでずっと愛情を持ってこのシステムに接していきたいと思う。1人でも多くの方に自ら製作し、運用していくという意義をわかってほしいと心より望む。

写真4 ハウス内の様子

6章

ICT農業の未来

ICT農業のさらなる技術普及を目指して

農林水産省
農林水産技術会議事務局 中野 明正

目指す姿は「すべての農家がUECSのような簡易なシステムでインターネットにつながり生産性が向上し、持続的に改善が行われる生産現場」である。どのようなイメージでこのゴールに向かうのだろうか？ 1章に述べたようにこの分野の技術は日進月歩である。そのため、技術にキャッチアップできる人材育成も技術以上に重要となる。技術の社会実装と人材育成を両輪として、生産現場が持続的に発展する仕組みが必要である。このような仕組みは世界を視野に入れて展開したい。

1 フードチェーン全体のICTでさらに変わる農業生産現場

ここまで読んでこられた方には、生産現場における変革がICTにより起こる可能性を感じていただけたのではないだろうか。生産現場がICTでつながれば、次は、流通、消費等フードチェーン全体を見通した一気通貫のシステムができる。それにより“新たな景色”が見えてくるであろう。

具体的には、流通や消費の情報の即時的なフィードバックを受けて、ムリ、ムダ、ムラが解消され、生産現場が活性化され、生産量の増加や品質の向上につながる。生産効率が向上することにより労働力不足の解決にも寄与する。最終的には、生産から消費までの事業計画が合理的、定量的になされるようになり、持続的なフードチェーンが構築されるであろう。

さらにいうならば、流通、消費の情報には、次の展開に向けた戦略的な販売計画のシーズが眠っている。これら情報解析により生産の拡大を図る必要がある。以下ではいくつかの要素の事例を紹介し、今後の展開を見通す。

1. 生産現場の情報を詳細に把握し、変わる

より高度なセンシング手法としてスマート農機等によるデータ取得がある。本書では誌面の都合上センサーについては詳しく述べないが、種々の安価なセンサーが各種企業で開発され、その適用が図られてい

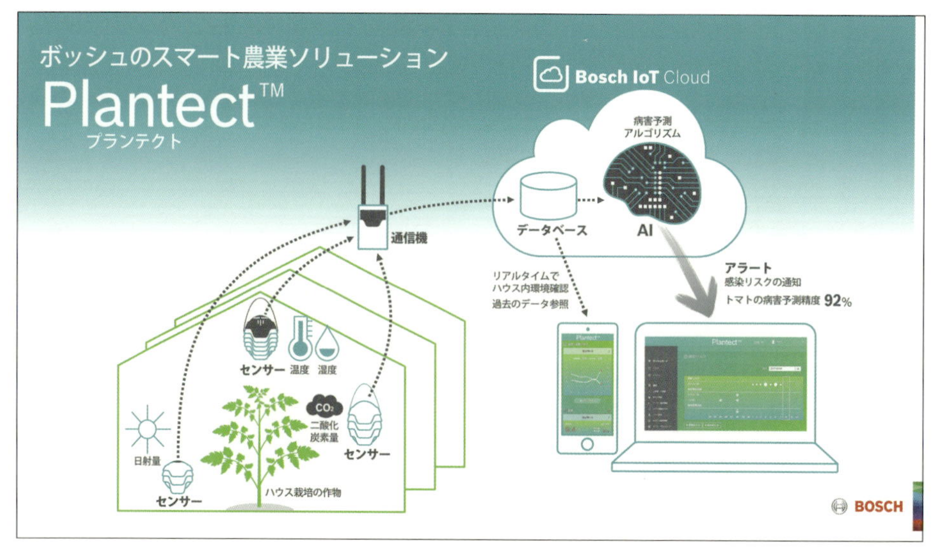

図1 ハウス環境から病害発生を予想

る。例えば、植物の状態やハウス内のムラが定量的に評価され、均質栽培に役立つ情報が提供可能である。気象予報情報などを活用した生育モデルも構築され、出荷予測（出荷量と品質を含めた情報）も実用化されつつある。

具体例を見るとボッシュ株式会社がハウス栽培の作物の病害感染を予測するサービス「Plantect™（プランテクト）」を開始した（図 1）。事前に 100 ヵ所余りのハウス栽培から得た病害発生データを基に学習した人工知能（AI）が、92%の予測精度で病害の感染リスクを予測する。農薬散布の手間も大幅に削減されるだろう。

2. すべてを見通す共通したデータ情報で、変わる

2018 年は、まさに農業データの連携のための基盤が構築された年である。「農業データ連携基盤」は、農家の皆さんがデータを使って生産性の向上や経営の改善に挑戦できる環境を生み出すためのデータプラットフォームのことである。このようなスキームに則って、今後、システムの構築と改善の取り組みが進む。具体的なシステムが「WAGRI」である。農業データプラットフォームが、様々なデータやサービスを連環させる「輪」となり、様々なコミュニティのさらなる調和を促す「和」となることで、農業分野にイノベーションを引き起こすことへの期待から生まれた造語（WA + AGRI）である。IT をテコに農業の生産性を高めることを目指して、NTT など 120 社を超える企業が政府と連携する。栽培履歴や農業機械の稼働状況などのビッグデータに気象や地図情報などの官公庁の情報を合わせて分析し、2018 年 4 月から企業に提供し、農業の生産性を高めるのが狙いである。水稲や露地が先行するであろうが、施設の環境情報なども随時組み込まれて運用される予定である。

3. 生産現場で研究成果を実装して、変わる

上記のような具体的な製品はまだ限定的であり、今後現場実装して完成していく。まさに現場で学習するプロセスが必要である。これに限らず、ICT 技術の農業利用全般には、このように「実装 - 改良」の工程が必要である。

実際、近年の農研機構などの植物工場の技術開発は、このようなスキームのもと、企業との連携により実施されたものである。この事業においては、従来にも増して早い研究展開が可能であった。「植物工場」という具体的なプラットホーム上で、様々な技術のインテグレーションが効果的に図られた結果と考えている（図 2）。今後、このようなスキームをさらに深化させ、技術の社会実装を加速化させることが必要である。つまり、単なる要素技術の開発ではなく、それが実際に使われることを想定した仕組み作りをより強く意識する。そして単品の要素技術だけではなくて研究結果である種々の要素技術との組み合わせで実証圃場において活用し、PDCA を回し改良する。

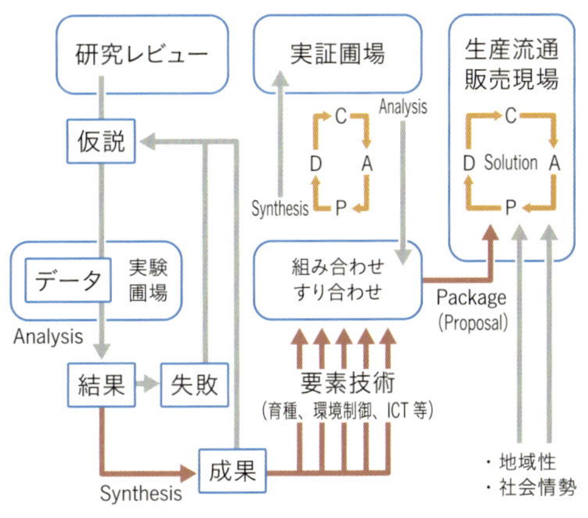

図 2　施設園芸における技術開発スキーム

ICT農業のさらなる技術普及を目指して

さらに流通と販売現場を想定して社会実装のPDCAを回す。このスキームはいわずもがな、すべて情報がキーとなる。

環境情報や生産情報を基礎としてPDCAの修正を加える。農業ICT環境の整備によりこのようなスキームは一層加速される。

4. コンサルタントを活用して、変わる

生産から消費まで流通システムでデータ利用が一般化し、自立的に判断できる経営者が増えたとしても、現実の経営では判断することが難しい局面も多いだろう。特に生産現場は刻々と変化し読み切れない部分が多い。そのため、様々な状況を熟知しているコンサルタントは、ますます重要性を増すであろう。特に、高度な生産になればなるほど、国内だけでなく、次なる展開として海外も視野に入れるべきである。そのような判断には世界的規模での知見を有するコンサルタントが必要となる。

2 UECSによる具体的な取り組みから見えてくる、技術普及のあり方と今後の展開

見てきたように、農業ICTにおいて、①具体的な製品、②情報の標準化、③PDCAの考え方、④コンサルティング体制、が整ってきた。いよいよICTにより農業が変わる。

次に、UECSにより施設生産がどのように変わり、そのためにはどのような体制が必要であるのか、そして、さらなる展開への展望を述べたい。

1. UECSにより変わる生産現場

「インターネットで駆動する環境制御装置が自分で作れる」という、一昔前ではとても考えられなかったことが現実になった。本書を読んで実感されたと思う。実際、農研機構で行っている自分で基盤を作って動

図3 UECS基盤の作成実習
植物工場実証拠点を活用した実習風景。簡単な制御装置を実際に組み立て、制御する技術を伝授している。

かす実習では、若い農業者も集まる（図3）。自分で作った装置がパソコン操作で動くと感慨もひとしおで、歓声が上がる。そして、このような機会を通じて仲間ができる。このような実習的な学びの場とネットワークの形成が、これからの持続的な生産体系の構築には欠かせない。

2. 求められる農業のICT化とその実践

ICT技術は日進月歩であり、農業のICT化も急速に進展しているが、それを担う人材の不足が懸念されている。日本の農業分野では特にICTを有効に活用しきれていないのが現状である。一方で「農業は暗黙知や熟練の技術が重要であり、デジタルな情報では表現できない！」との指摘もある。正論ではあるが、ある部分損をしているように感じるのは私だけではないはずである。結論をいえば「農業をより良いものにするためにICT関連の技術をツールとして活用する」姿勢を持つべきであり、いかに「共通のツールによる情報を基に切磋琢磨のための議論ができる」かが発展の肝になるだろう。

3. 誰もが使えるICT技術を目指して

そうはいってもやはりICTはハードルが高い印象が

ある。施設生産における事例について考えると、農業 ICT の最終形である「自動制御」まで一足飛びにいく必要はない。むしろ現状の圃場（ハウス内環境）がどうなっているのか、データを記録しておくことだけでも生産に大いにプラスになる。データ農業を始められた農家は、生産性の向上が実感としてあるのではないだろうか。このような農業の実践に二の足を踏んでいる農家は、①難しい、②面倒、そして③コストがかかる、と思われていることであろう。

本書では、少しでもこのような認識を払拭したい。そして、これらのハードルを下げて、1 人でも多くの人に気軽に農業 ICT の扉を叩いていただけることを企図した。ここで強調しておきたいのは、ICT はあくまでも技術であり、それを動かす思想までは決められないということである。それを決定するのは生産者であり、経営者である。内容については少々難しい面もあると思うが、着手していただければその意義を理解していただけると確信している。

4. 次世代施設園芸と人材の育成

現在、“ 植物工場 ”を旗印に日本全国で次世代施設園芸が展開されている。今後、日本農業はこのような高度に制御された施設生産が牽引役を果たす。そこではコンピュータ制御による様々な環境制御が行われている。ここで得られた成果は、その地域へと波及していくことが期待されているが、大きな問題は、そのような高度な制御を理解し、生産性向上へと結びつける人材が不足していることである。日本農業の全体的な活性化を図る意味でも、1 人でも多くの営農者が農業 ICT に親しみ、相互にメリットを得ながら次世代の農業を盛り上げていく必要がある。

人材育成について、いわゆる教育効果のピラミッドがある（図 4）。書籍による知識や座学などは、従来の教育法である。一定の効果はあるがここに留まっていては実際の農業は変わらない。このピラミッドを見ても実際に手を動かし、体験する教育の効果が非常に大きい。農業における ICT についても、ICT の概要を理解することも必要であるが、実際に工作等を通じて装置を動かすことがきわめて重要である。さらに、その知見を他の人に伝える経験はきわめて高い教育効果、波及効果がある。最終的には ICT 技術を活用して、教えあえる施設園芸の構築を目指し

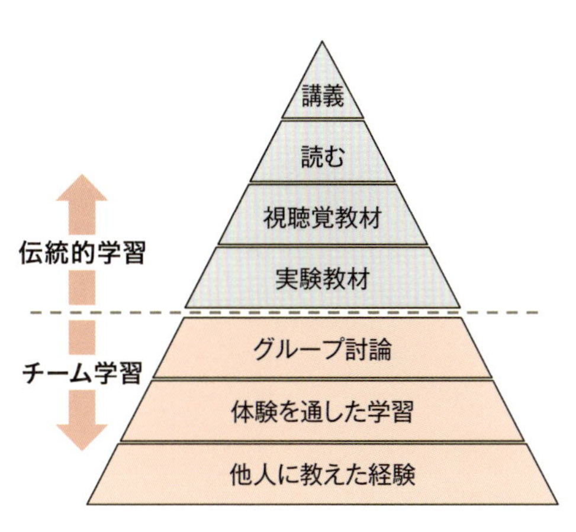

図 4　ラーニングピラミッド

たい。

そのような意味で、本書を通じて実践的な農業ICTの知識の習得と実践、ひいては教えあいを通じてICTを利用できる農業者が1人でも増えることを期待したい。本書では実際に手を動かすことが可能なスキームを提案した。各人の比較的狭いハウスでも環境情報を取得でき、それに基づき制御が行われる様子が体感できる。UECSは、基本的な操作が理解できれば様々な装置を段階的に増設できるというメリットもある。これをきっかけにしてハウス環境の把握とともに、ICTの活用にも目を向けていただきたい。

3 より広い視点での人材育成

1. 東南アジアへの展開

今後の日本の農業人口の減少を考えると、誰もが取り組めるようにUECSなどで技術の平準化をする必要がある。これには、やや話が飛躍するが長期的に見ると日本国内だけでなく、世界にも目を向ける要素が含まれている。具体的にはアジアをターゲットに日本型の技術を売りこむモデルが考えられる。

アジアモンスーンの気候区分における、①米作を中心とした農業発展の歴史、②急速な工業化を背景とした経済発展、③地域間の経済格差問題の顕在化など、日本の社会や農業が抱える問題と、発展するアジアのそれと、長期的に見ると共通する部分が多いということである。さらに、温暖化の影響により高温化や極端な気象災害の発生が懸念されている。このように共通する農業問題に対して、施設園芸の導入は、アジアモンスーン地域として農業の産業としての安定化に寄与する共通に取り組める課題である。

日本から見れば、特に東南アジアは今後発展する地域でもあり、日本産の施設を売り込むチャンスとなるが、同時にそれを運営する人材も必要となる。逆に、海外で育った技術者が日本の人手不足を補う可能性もある。いずれにしても、各国の問題を共有化して、人材育成も国境を越えていこうという発想が必要である。これによりアジア地域における食料安定供給と人材育成など、関係各国WIN-WINの関係が構築できる（中野，2017）。

2. 中間技術（適正技術）としてのUECS化された中小規模ハウス

東南アジアにおいて農業の安定化に資する技術として、中小規模の施設園芸に対する期待が高い（中野，2017）。そこでは強度の降雨や台風による施設の被害が頻発するため、施設への投資とその回収の見通しが技術導入の判断基準になる。

実際、東南アジアでも、オランダ型の高度な施設園芸を導入するとコストの回収が5年以上かかるが、ビニルハウスでは数年で可能となる。資産を持たない農家がほとんどであるため、低コストハウスが選択される。日本のような「低コスト耐候性ハウス」はこのような地域にも売り込める可能性があり、一部企業での取り組みも始まっている（144ページのコラム参照）。

東南アジア各国では農業従事者が多く、人口の10%以上、多い国では50%にも上る。このような状況では、地域の農業の発展を考えた時に、一足飛びにオランダ型の超集約的な施設システムの導入は現実的ではない。東南アジアでは地域に応じた適正技術がある。

総合的に考えると、いわゆる中間技術（田中，2012）の導入が東南アジアの施設園芸の発展に必要である（図5）。急激に発展する周辺技術は、発展途上国といえども施設園芸に取り込むべきである。それは環境モニタリング（見える化）であり、総合的病害虫管理（IPM）である。そのような技術が取り込めない単なる雨よけハウスではその後の発展性が乏しい。そのため、比較的安価であり、きわめて高度ではないが環境制御が可能であり、レベルアップが図れる中間的な施設生産の育成が、東南アジアでは現実的な開発ターゲットとなる。

人材育成も重要である。ICT や AI 等、先端技術を農業に活用できる人材が育成される必要がある。これは国を超えて実施することによりその安定性が高まる。技術と人材がパッケージにならなければこの分野の発展は見込めない。国際的な人材育成のプラットフォームとしても「UECS 制御が可能な生産施設」の整備がキーとなる。

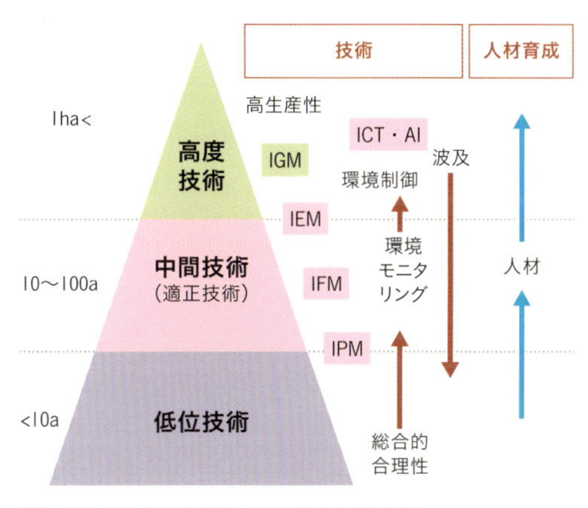

（注）IGM：総合的施設管理、IEM：総合的環境管理、IFM：総合的肥培管理、IPM：総合的病害虫管理

図 5　開発途上国における施設園芸の開発イメージ

参考文献

(1) 岡田昭人，2014，オックスフォードの教え方，朝日新聞出版，p35.

(2) 中野明正，2017，マレーシアの農業と東南アジアの施設園芸，農耕と園芸，73（1），62-64.

(3) 田中直, 2012, 適正技術と代替社会, 岩波書店.

(4) 神成淳司，2017，IT と熟練農家の技で稼ぐ AI 農業，日経 BP.

ICT農業の今後とUECSの現状と展望

岡山大学農学部
野菜園芸学研究室 安場 健一郎

最終章のこのパートでは、今まで学んできたUECSについて、再び概要を振り返り、復習しつつ、また、述べられていなかった視点を補完しながら今後の展望について述べる。また、技術の普及について、いかに農業に浸透させるかも含めて述べることとする。

I ICTと農業

農業は紀元前から継続して実施されてきた人間の営みであり、現在も主に食生活を支える重要な産業である。一方、ICT（Information and Communication Technology）とは情報通信技術のことであり、コンピュータを利用した電子的なコミュニケーションを特徴とした新しい技術である。電子メールやインターネットを利用したホームページの閲覧が一般的となり、ICTはわれわれの生活になくてはならないものになっている。その、ICTが急速に農業の現場に導入されていることは、述べてきたとおりである。

農業生産工程管理（GAP）は、食の安全・安心や生産者の安全にとっても重要な手法である。GAPを実践するためにはいろいろと実施すべきことがあるが、GAPでの作業履歴管理や点検作業を実施しやすくすることもICTの有効活用の場である。GAPはこれからさらに普及していく技術と思われるが、ICTの活用の場は多く、多岐にわたると想像している。また、フィールドサーバなどによる露地圃場での環境モニタリングも同様である。露地圃場は、作物の栽培環境をかく乱する様々な要素（例えば、台風や鳥獣害など）が存在するため、それらを監視したり対策をとったりするのに有効活用できると期待される。現状、植物栽培に関連した場合に、ICTの利用が一番急速に進んでいるのが施設園芸の分野であろう。コンピュータを利用するため、雨風をよけやすいこと、盗難などのセキュリティのことを考えると、施設栽培がICTを利用しやすい環境であることは理解できる。特に施設内環境のモニタリングは一般的なものになり、今後は施設内の環境制御へのICT利用がさらに普及していくであろう。そういった状況のなかで、環境制御システムのUECSが注目されているのである。

UECSに関して

ユビキタス環境制御システム（UECS）は、当時、東海大学（現在は近畿大学）の星岳彦教授を中心に開発が行われ、2005年頃から実用化試験が開始された環境制御システムである。「ユビキタス」とは、開発された当時、情報通信関係でよく使われていた「いつでもどこにでも存在する」ということを意味する言葉である。環境制御を行う機器（暖房機、換気扇など）と温室内環境を測定する機器（気温センサー、日射センサーなど）、すべてにマイコンを搭載して、今まで電気の流れで施設の環境制御を実施していたものを、情報で制御することを目的として開発されたのがUECSである。LANを有効活用しているのが特徴といえよう。施設園芸のICT利用に関しては先駆け的な取り組みで、当時は先進的すぎたせいか普及は進まなかった。しかし近年、DIY（Do it yourself・自作できる）的なノード組み立て方法の整備やクラウド利用技術などが開発され、UECSは今、注目を集めている。「ユビキタス」の言葉はICT業界ではバズワードであり死語化しているが、UECSに関しては、「いつでもどこにでも」情報を取り出せる環境制御システムとして認知が進んでいるように思われる。

UECSの現在の利用方法

UECSは、環境制御を実施するための情報のやりとりがすべて公開されているのが特徴である。そのため、誰もがUECSに関連する技術開発やUECSの環境を構築することが可能である。また、一度UECSを導入しておくと後から機器を追加導入することが容易となる。小規模なシステムからスタートして、大規模で複雑なシステムまでスムーズに発展させることができる。つまり、環境制御の複雑さとは関係なく、ありとあらゆるレベルの施設園芸で利用可能なのがUECSである。

最初に本格的にUECSが導入されたのが、愛知県武豊町にあった野菜茶業研究所の敷地内の10aの施設である（図1）。約10年間、UECSで環境制御を実施し、安定的に動作することを確認している。その後は、宮城県山元町の震災復興に関する施設や、各地の植物工場などに導入が進んだ。一方、大規模な植物工場的な施設ではなく、一般的な施設用のUECS対応機器の開発も進み、いくつかのメーカーから製品が発売されるようになった。これらを利用して、様々な規模の施設でUECSを導入できるようになっている。

図1 UECSが導入された実験温室

愛知県武豊町の旧野菜茶業研究所内（研究は農研機構野菜花き研究部門に継承）にあった。2005年より、気象ノード、暖房ノード、換気窓ノードなどが動作され、約10年安定動作することを確認した。

近年、施設内の環境モニタリングがブームとなっている。気温や湿度を測定するセンサーノードを購入すれば、環境制御を実施せずにモニタリングだけをUECSで実施することもできる。UECS用のクラウドサービスを利用すれば、環境モニタリング専用のクラウドシステム同様のモニタリング環境を構築できるし、本書で紹介されているソフトウェアを利用すると、パソコンを利用してモニタリングすることも可能となる。UECSがどのようなものかを試してみたい場合には、まずは、モニタリングが良いであろう。モニタリングしている環境の情報を利用して環境制御を実施するのが次のステップである。市販されているものを購入するのが一般的であろうが、自作する方法もある。メーカーが違っていてもUECSに準拠していれば様々な環境制御機器やモニター機器を同じシステムで運用できるため、気に入ったものをいろいろ探してみるのも良いであろう。

環境制御機器のリニューアル

UECSを導入するモチベーションとなるのは、今までより収益性の良い施設園芸の実現であり、そのための近道としては、環境制御の最適化となるであろう。そこで環境制御の最適化に関する一例を紹介したい。

岡山大学農学部では、かなり昔（10年以上前）からイチゴの高設栽培の研究を行っている。高設栽培では土作りをしないため、施設内土壌からのCO_2発生が少ない。そのため、効率の良い生産を行うためにはCO_2施用は必須であろう。そのCO_2施用を実施するために、数年前まではNEC

ICT農業の今後とUECSの現状と展望

のPC98シリーズのパソコンで制御していた。30年近く前に販売されていたパソコンで、すでに入手が不可能であり、もしパソコンが故障したら、今までの環境制御を実施できなくなる状況であった。生産現場でも似たような現象が発生していて、昔導入した制御装置が故障して修理しようとしたら、装置の開発メーカーがすでになくなっていたということはよく聞く話である。当時、岡山大学の制御方法を利用したいという生産者が複数存在していて、コントローラの作成が期待されている状況であった。そこで、農林水産省のプロジェクト研究（革新的技術緊急展開事業）を利用してコントローラYoshiMax（図2）の試作を行った。

開発したコントローラの特徴は、温室内気温によってCO_2施用の目標濃度を変えることができること、換気中はCO_2施用を停止できること、燃焼式CO_2施用機を暖房機が動作するより前に作動させること、日射比例潅水が可能なことなどである。環境制御のパラメータはすべてブラウザを利用して設定するようにしている。このコントローラはすでに市販されているものをベースに開発を行っている。古くから利用されている機器は、様々なトラブルに対処してきた歴史があり、機械的には安定動作するようになっている。何でも新しいものが良いとは限らず、過去に開発された財産を基にUECSを活用してリニューアルする試みは、今後の方向性として重要ではないかと考えている。なお、現在、CO_2局所施用を実施するため同様の仕組みで試作を開始している。

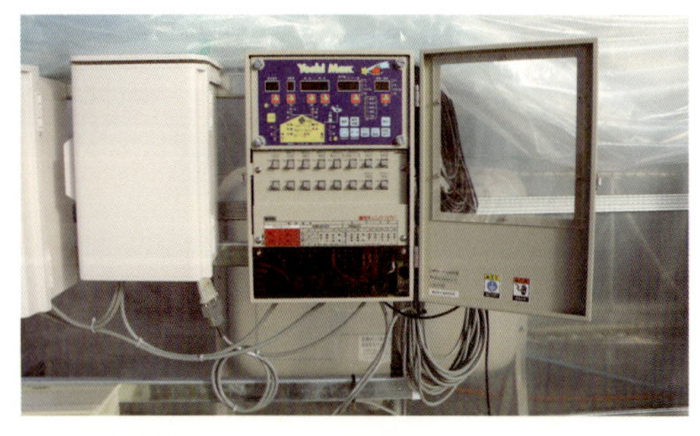

図2　環境制御コントローラ YoshiMax

すでに市販されている環境制御機を、小型マイコン(Raspberry Pi）を利用して遠隔操作し、イチゴ栽培に適した環境制御方法で制御するコントローラである。

DIYの取り組みと環境制御の教育資材としてのUECS

DIY的なUECS機器の作成は、環境制御の仕組みを理解する上で意味があると考えている。制御を自動で実施するには、センサーにより、気温、湿度、日射、CO_2などの環境を計測し、環境情報を改善するために機器を制御する必要がある。DIY的な取り組みを実施することで、どのような機器が必要なのかといった初歩的なことが理解できるであろう。欲をいえば、プログラミングの知識があれば、コンピュータの利用により、どのようなことが可能になるのかを大まかに把握することができ、環境制御実施時のトラブル解決にも大いに役立つ。

教育の材料としてもUECSの利用価値は大きいと感じている。岡山大学農学部の学生実験ではUECSノード作成を取り入れている（図3)。自分で作成した機器を利用して、自分のスマートフォンで簡単に環境制御機器を制御できることを体験してもらっている。また、卒業論文のテーマとしてもUECSを利用した機器開発を取り入れている。施設園芸のこれからの発展と環境制御機器の低コスト化のためには、施設園芸に関する教育が不可欠である。

伝統的な環境制御は、加温と換気のみで実施していたので、温度センサーを利用して気温をコ

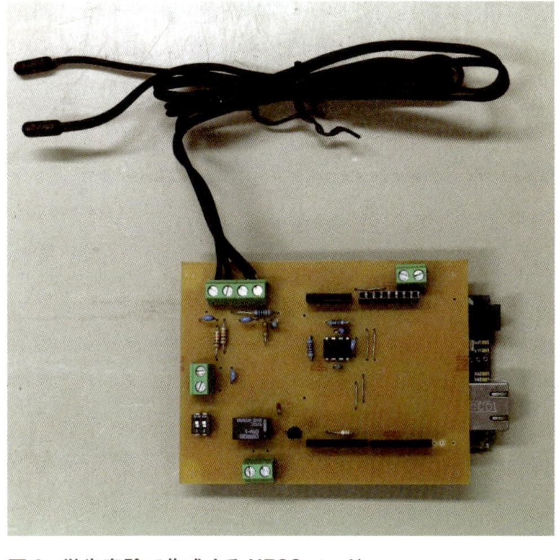

図 3　学生実験で作成する UECS ノード

温度を 2 点測定する機能と、温度によって環境制御機器を動作させるコネクタを搭載したボードを作成し、Arduino のマイコンボードに接続して UECS ノードとして動作させる。

ントロールするだけで良かった（図 4）。気温は、センサーがなくても人間の感覚として理解しやすい。しかし、最近では CO_2 や湿度の制御が注目され、これらを測定する必要が生じている。CO_2 濃度の違い（例えば 400 ppm と 800 ppm の違い）をセンサーなしで把握できる人は、まずいないであろう。CO_2 を適切な濃度に維持するためにはセンサーによる測定がまず必要である。ただ、気温のみで制御していた場合には問題にならなかったことが、CO_2 センサーを使えば正確な測定ができるかといえばそうではない。気温センサーは測定誤差を気にする必要はなかったが、CO_2 センサーは、しばらくして測定しているとしばしば測定値がずれてくる。おそらく、測定値のずれは、温度のみの従来型の環境制御を実施している際には意

従来型の環境制御

目的

栽培する作物の生育適温を維持するための環境制御

必要な装備例

サーモスタット、暖房装置、換気窓、換気扇

特徴

簡単に実施することが可能で、環境モニタリングをしていなくても、ある程度の制御が可能。

→

積極的に栽培環境を最適化する環境制御

目的

収量増加や品質向上などを目的とした積極的な環境制御

必要な装備例

センサー（温度、湿度、CO_2、日射、風向、風速、土壌水分など）、暖房機、換気窓、換気扇、CO_2 施用機、保湿カーテン、遮光カーテン、自動潅水装置、補光装置、ヒートポンプ

特徴

センサーを利用しないと、環境制御できないものが多い。モニタリングが必須で、センサーの精度にも気を配る必要がある。環境制御用のコントローラの価格が高いことが問題。

環境制御が発展していくために必要と考えられること

- 制御の仕組みを理解すること。
- 環境の変化に対する作物の反応を理解すること。
- 環境制御の基本を理解するための教育プログラム。
- 環境制御用コントローラの普及と低コスト化。

図 4　施設環境制御の課題

気温の維持を目的とした従来型の環境制御から、栽培環境をより積極的に最適化する環境制御に移行しつつある。環境制御の発展のために必要なことがある。

ICT農業の今後とUECSの現状と展望

識しなくて良かったことである。湿度センサーも同様で、値がずれることを考えておかなければならない。また、湿度センサーが濡れるとしばらくは測定できないことも知っておかなければならない。このことを理解しないで環境測定を実施すると、様々な問題が生じる。制御についても同様で、気温のみを制御する場合には問題にならなくても、複数の環境条件を制御する場合には、環境制御機器の動作に矛盾がないようにする必要がある。また、施設の温度を下げようとすると、ハウスを締め切ってヒートポンプで冷房したほうが良いのか、ハウスを開放して外気を取り入れるのが良いのかといった、制御方法を選択する必要もある。これからの施設で高度な環境制御を実施する上で必要な知識を、統合的に理解できるような教育的な取り組みが今後必要になる。DIY的な取り組みは、これらの基礎的なところを理解する上で非常に効果的である。

2 UECSのこれから

UECSの現在の状況を見ると、いかにUECSをうまく活用していくかという段階にきていると感じる。よく、「UECSを使うと何ができるの？」という質問を受けるがこれは返答が難しい。UECSとは施設の環境制御の情報を標準化しているだけのものであるため、「何でもできる」ともいえるし、「何にもできない」ともいえる。施設園芸で環境制御やICTを利用するための基盤であり、UECSの環境制御には優れたものも、そうでないものもある。ただ、UECSの利用に関して確実にいえることは、環境制御に関する情報のすべてを得ることが可能ということだ。その情報をどのように利用するかがUECSを使いこなすポイントである。ICT利用を体験するのにUECSは最もふさわしいシステムであると筆者は考えており、そのためにもさらなる普及が進むことを期待している。

また、さらにUECSを発展させるいくつかの方向性がある（図5）。1つには、UECSの基本機能を発展させる方向である。特に、中小規模の施設での園芸生産で環境制御の期待が高まっている。また、最近の環境制御の手法は、光合成の効率化に傾いているように感じているが、実際はそれほど単純ではない。特に花き栽培では、切り花長や葉の障害発生の抑制なども品質に関する重要な要素となる。様々な角度から新たな環境制御手法がこれからも開発されていく必要があり、UECSの環境で実現していく必要がある。環境モニタリングについても、スマートフォンをハウス内で操作して確認するのは視認性も良くなくスマートではない。より良いモニタリングの方法を検討する必要がある。最近流行しているAIなども環境制御と結びつけて考えることができる。

また、UECSを導入するためにはLANを導入することになり、インターネットとの接続も容易になる。そこで、SNS等で環境制御に対する横の連携を深めて、地域レベルで環境制御を向上させていく取り組みも効果的であろう。最近進化が著しいデジタル画像と画像処理を組み合わせて様々な診断を実施するようなサービスも今後期待される。これにUECSの制御を組み合わせるような取り組みも面白い。

UECSの機能の拡張として、露地栽培での利用が考えられる。水田作でもICT利用が検討されているため、他の農業情報フォーマットと連携していくことで、UECSの新たな展開がみられるかもしれない。

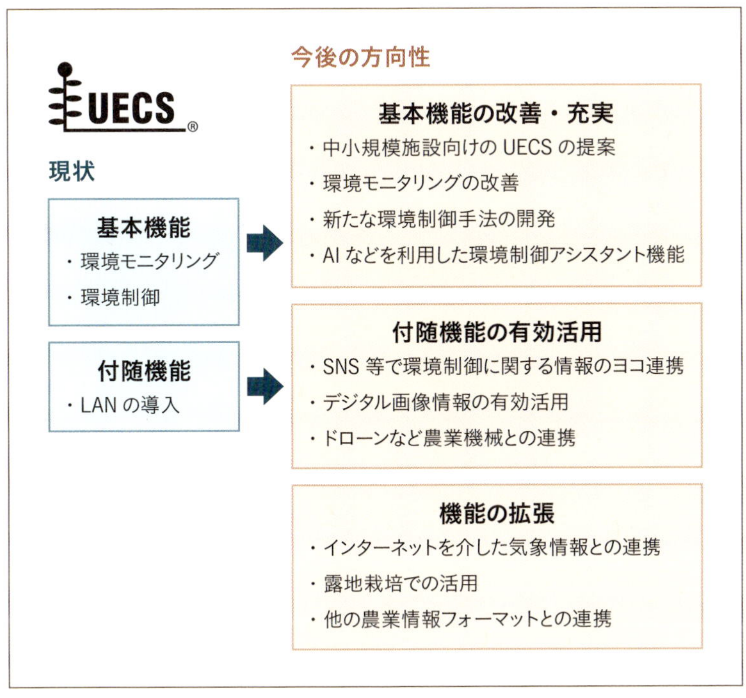

図5 UECS の今後の展開方向

3 農業ICTの展望

施設園芸での ICT 利用がかなり進みつつあるが、環境制御技術との組み合わせや盗難などに対するセキュリティ対策が必要である。今後、長距離の無線の利用が容易になると、この問題も解決され、露地でも ICT が利用しやすくなるのではと想像している。露地においても、例えば、生育状況や病虫害発生の把握、出荷時期の予測などは ICT と連携させていけば新たな展開ができる。ICT は新しい技術で、今後、さらに新しい利用方法が開発されていくし、農業関係者と連携してさらに新しい可能性を模索していくことが重要であろう。

ICT をより使いやすくするには、あらゆる意味での情報の標準化が重要である。施設園芸では UECS に代表される標準化された規格がある。メーカーが独自の規格にこだわって ICT 機器の開発を行うと、生産者はいろいろなメーカーのものを組み合わせて情報収集することが難しくなり不利益を被ることになるだろう。ICT は情報を簡単に収集できることがメリットであるため、様々な情報が標準化されてより生産者にとって使いやすい農業 ICT として発展させていくべきだと考えている。また、異なる規格で標準化されたものも、規格どうしを翻訳するゲートウェイのような仕組みを設けることで、相互の情報をやり取りすることが可能になる。できるだけ広くつながるようにイメージして「農業 ICT を育てる意識」が、新しい農業を形作るために必要である。

column

海外に打って出る！
つながる日本の施設園芸

農林水産省
農林水産技術会議事務局　中野 明正

市場を日本に限ってみると、人口減少もあり展望は守りの雰囲気になる、一方で視野を海外に転じると、発展著しいアジア市場が広がる。現在、「知」の集積と活用の場による研究開発モデル事業において、「農林水産・食品産業の情報化と生産システムの革新を推進するアジアモンスーンモデル植物工場システムの開発」が展開されており、海外へのハウス展開を目指して、民間企業、研究開発法人、大学の勢力を挙げて高度なビニルハウスの開発が行われている。高温多湿の環境下で、トマトやイチゴを生産する非常にチャレンジングな試みである。石垣島に拠点を構え先端技術を投入した施設生産システムを構築し、高温多湿地域に売り出していく戦略である。ポイントは環境制御だ。高機能フィルムや気流制御を中心とした環境制御により酷暑を乗り切る。施設園芸先進国であるオランダなどがやっていない視点での技術開発である。この前身となる成果として酷暑の関東で夏のホウレンソウ生産に成功したことが挙げられる（パッシブハウス）。この技術をさらに他の環境制御技術と組み合わせ、さらに厳しい条件の克服に挑んでいる。

この取り組みのユニークな点は、重装備のいわゆる高度施設園芸をベースに技術が組み立てられていない点にある。つまり、今回本書で対象としている、中小規模のビニルハウスからその高度化に取り組んでいる点であり、細やかな環境制御である。

今後の開発キーワードはコネクテッドである。つまり、まずはつながるそれにより、見える化や情報共有が大きく広がる。また、パナソニック（株）が展開するスマート菜園 's クラウドは、このような中小規模ハウスにつながる細やかな環境制御システムである。スマホやタブレットから温湿度、日射、CO_2 等の環境モニタリングやミスト、カーテン、天窓、冷房等各種機器の制御が可能なクラウド型環境制御システムであり、生産者個々の栽培レシピライブラリも容易に構築可能である。

企業ごとに開発されるアルゴリズムは競争領域でありブラックボックスでもかまわない。UECS など共通基盤との連携が可能となっている点を評価したい。つまり、UECS を共通言語としてサークルのネットワーク化が進めば点が線になり、やがて面になるだろう。このような発想が日本に限らず、初期投資のかけられない発展途上国の農業生産の効率化と人材育成にも寄与するだろう。日本の自立分散型である UECS の取り組みには、中国、韓国をはじめとして海外の研究者も注目している。アジアの先進的な国々とも連携して地域として問題を解決する流れができつつある。

主人公は地域に根ざした生産者である。ネットワークこそ巨人に立ち向かう仕組みである。

石垣島のアジアモンスーンモデル植物工場。

おわりに

20年後の農業はどうなっているだろうか？ まえがきに記したように、本書を参考にしていただいてトマトの生産も含め、「データに基づく農業」が標準化され、「様々なレベルの方がどこからでもハウス生産のICT化に参入できるようになり農業が活性化され」ていることを期待したい。イメージを具体化するために農業統計の数値をもとに状況を予想してみたい。(注)

農業のなかでも施設生産は優等生といったが、それでも野菜施設生産の経営者数かなりの勢いで減少するだろう。1995年からの減少トレンドがそのまま継続すると仮定すると10.7万戸（2015年）から2.2万戸（2040年）になりおおよそ1/5にまで減少する。施設栽培（野菜のガラス・ハウスの面積）も2001年からの減少トレンドがそのまま継続すると仮定すると3.2万ha(2015年予測値)から2.4万ha(2040年)となり25%減少する。経営者と比べると面積の減少スピードは緩慢であるが、1人当たりの経営面積を4倍程度に増やさないと面積は維持できない。

一方で、トマトの単位面積当たりの収量は2008年から増加トレンドにあり、その傾向が続くと仮定すると、2040年は2015年の水準の25%増加になる。これは全トマトの平均なのでこの伸びは低いようであるが、面積が25%減なので、このペースの増加でもトマトの生産量は現状を維持できる。以上を総合すると人手不足に対応した効率化がやはりネックになるだろう。

それではいかに生産を効率化させるかであるが、本書で示した手法によって経営規模を4倍に拡大することは夢ではない。具体的にはICTによる効率化とそれを操れる人材育成により4つのハウスの統合が1つの方向性である。そしてつながる施設園芸、コネクテッド施設園芸が中小規模ハウスの進むべき方向である。2040年、中小ハウス群がネットワークにより合理的に管理され、野菜の自給率が維持されていれば本書の目的は達成されたといえよう。

本書の取り組みが施設園芸の労働力不足の解消の一助となることに期待したい。

2018年7月　著者を代表して　中野 明正

（注）基本的には、近年の統計データからその変化率が2040年まで継続したことを想定した概算値であり、社会情勢により大きく変わる可能性がある。

索引

INDEX

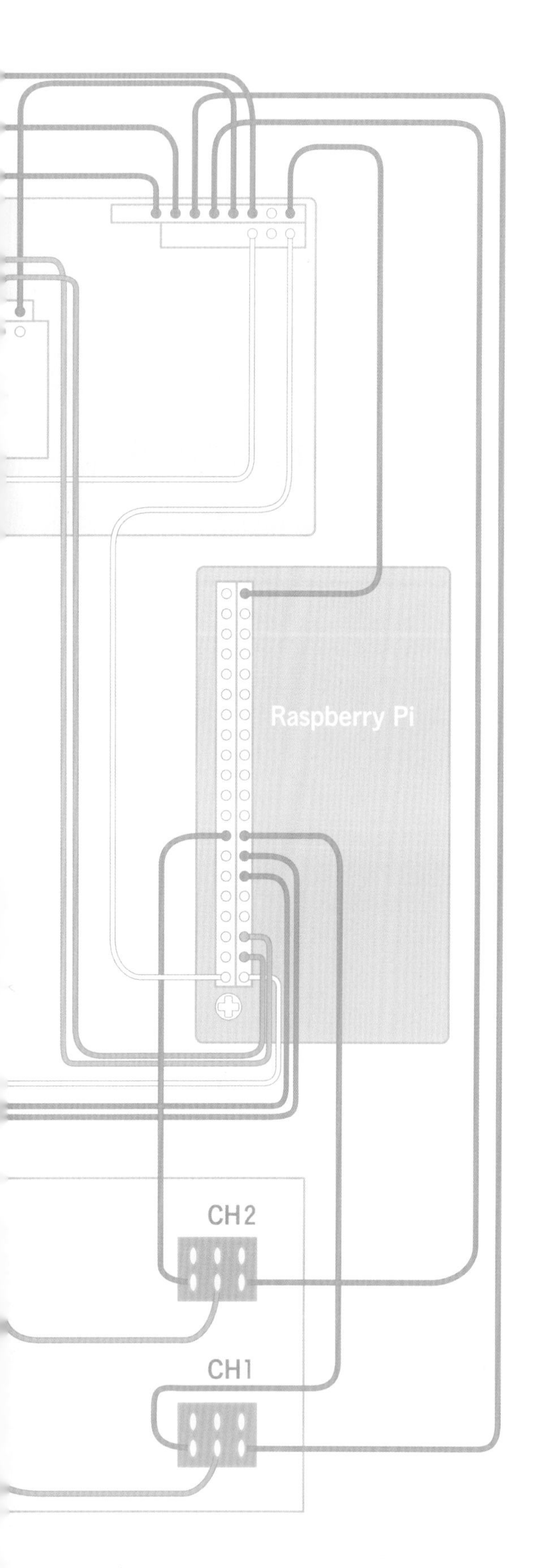

[あ]

[か]

[さ]

索　引

INDEX

[た]

[な]

[は]

[ま]

[や]

[ら]

[わ]

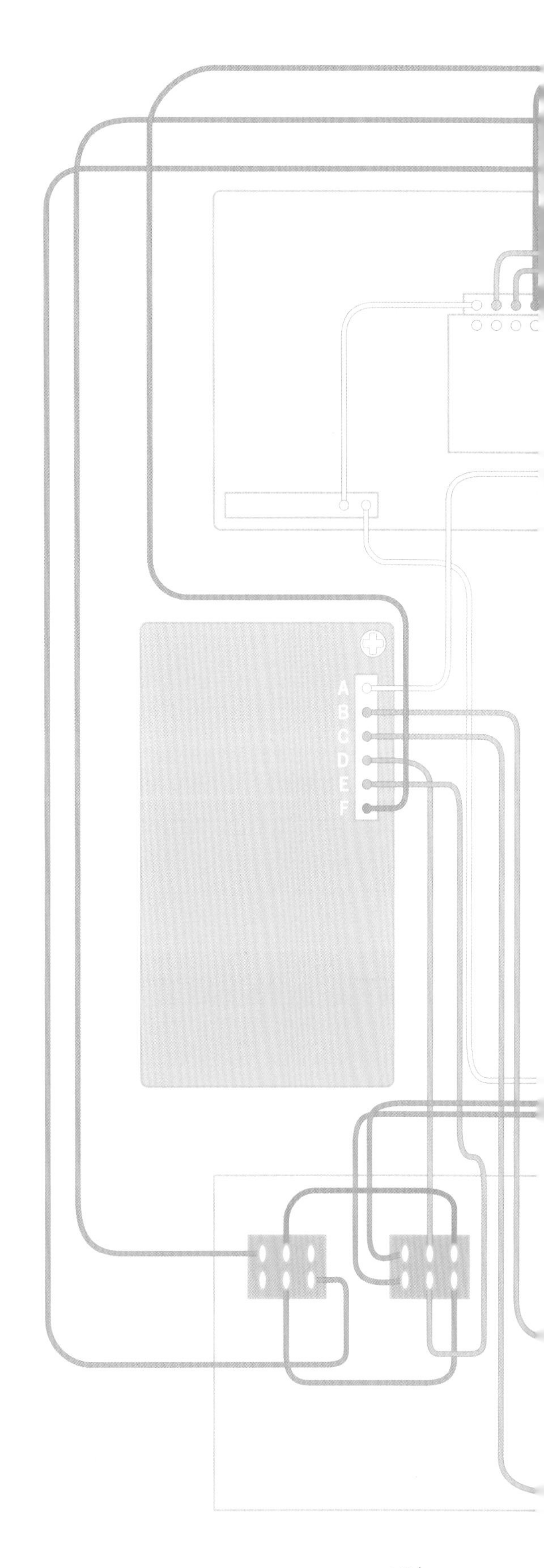

著者プロフィール（執筆順）

PROFILE

星 岳彦（ほし たけひこ）

東京都出身。1994年千葉大学大学院自然科学研究科修了。財団法人電力中央研究所生物研究所、東海大学開発工学部を経て現在、近畿大学生物理工学部教授。専門は、植物生産工学、植物環境調節工学、農業情報工学。施設園芸および植物工場に関する環境制御システム、生産支援システム等の研究を実施している。農業情報学会副会長・フェロー、生物環境工学会理事、日本農業気象学会フェロー、日本農業工学会フェロー、アジア・太平洋食・農・環境情報拠点（ALFAE）理事、ユビキタス環境制御システム（UECS）研究会顧問、スマートアグリコンソーシアム技術顧問などを兼務。博士（学術）（千葉大学）、園芸学修士（千葉大学）。

中野 明正（なかの あきまさ）

山口県出身。1990年九州大学農学部農芸化学科卒業。1995年京都大学大学院農学研究科博士課程中退。1995年から農研機構において園芸作物の生産技術および品質制御に関する研究開発を実施。農学博士（名古屋大学、2001年）、技術士（農業）、野菜ソムリエ上級プロ、土壌医などの様々な資格を活かし、生産から消費まで、またJICA専門家として海外において、農業と科学技術の架け橋を目指し、取り組んでいる。現在、農林水産省農林水産技術会議事務局研究調整官。

安 東赫（あん どんひょく）

韓国済州道出身。2004年大阪府立大学大学院博士課程修了。茨城県農業総合センター園芸研究所、千葉大学を経て、2009年より農研機構野菜花き研究部門に勤務。近年は果菜類の生育・収量予測技術、UECSを含む施設環境制御技術、施設野菜の生育制御技術について研究している。農学博士。

栗原 弘樹（くりばら ひろき）

群馬県出身。2014年千葉大学園芸学部卒業。2014～2018年農研機構野菜花き研究部門に勤務後、実家の農園にUターン就農。

黒崎 秀仁（くろさき ひでと）

栃木県出身。1999年 筑波大学第二学群生物資源学類卒業。2001年 筑波大学大学院博士課程農学研究科農林工学系専攻修士号取得。2001年農研機構野菜茶業研究所入所。2014年農研機構近畿中国四国農業研究センター(現在の西日本農業研究センター)に異動。2017年筑波大学大学院生命環境科学研究科国際地縁技術開発科学専攻、農学博士の学位を取得。現在、西日本農業研究センター傾斜地園芸研究領域園芸環境工学グループ主任研究員。

戸板 裕康（といた ひろやす）

岡山県出身。1998年九州工業大学情報工学部卒業後、（株）ワビット入社（旧社名：（株）東洋情報通信研究所）。システムエンジニアとして各種ソフトウェア開発プロジェクトに従事。2012年UECS対応製品開発を行い、スマートアグリ関連事業を立上げ、2013年より（株）ワビット 代表取締役。2014年UECS研究会理事に就任。2016年～（国研）農研機構「革新的技術開発・緊急展開事業」内のUECS実証事業に参画。

藤尾 拓也（ふじお たくや）

岩手県出身。2001年より岩手県職員として農業現場での普及業務に携わり、2006年より野菜の栽培試験に関する研究業務に従事。現在、岩手県農業研究センター技術部野菜花き研究室勤務。

渡邉 圭太（わたなべ けいた）

大阪府出身。2007年兵庫県入庁、和田山（現：朝来（あさご））農業改良普及センターに配属。2010年兵庫県立農林水産技術総合センター配属。現在、兵庫県立農林水産技術総合センター農業技術センター農産園芸部勤務。

加藤 敦（かとう あつし）

静岡県出身。明治大学農学部農業経済学科（現：食料環境政策学科）卒業。ホクレン農業協同組合連合会苫小牧支所畜産生産課を経て25歳でUターン就農。現在、元気・はつらつ農園株式会社代表取締役社長。

安場 健一郎（やすば けんいちろう）

兵庫県出身。1996年京都大学大学院博士後期過程中退。1996年農研機構東北農業研究センター・野菜茶業研究所等で農業研究に従事。2014年よりUECS研究会会長。2013年より岡山大学環境生命科学研究科准教授。農学博士。

カバー・本文デザイン／川原朗子
編集協力／丸山純　塩野祐樹
撮影／青柳敏史
配線図／高橋輝男
図版／中家篤志（プラスアルファ）

本書は『農耕と園藝』（誠文堂新光社）にて、2016年10月号～2017年10月号まで掲載された「自分でできるハウスの見える化　UECSでもっと気軽にICT農業」に加筆・修正したものです。

本書に記載されている部品の中には、販売中止のものがあります。同様な仕様であれば、代用可能ですが、形状や配線方法が異なる場合もありますので、ご注意下さい。なお、本書に記載されているリンク先やソフトウェアの説明などについては刊行時のバージョンとなっており、新たにバージョンアップされたものや変更されたものが含まれます。リンク先の最新情報を参考にしてください。

自分でできる「ハウスの見える化」

ICT農業の環境制御システム製作

2018年8月26日　発　行
2022年5月10日　第2刷　　NDC624

編著者　中野明正　安東赫　栗原弘樹
発行者　小川雄一
発行所　株式会社 誠文堂新光社
〒113-0033　東京都文京区本郷3-3-11
TEL.03-5800-5780
URL https://www.seibundo-shinkosha.net/
印刷・製本　大日本印刷 株式会社

ISBN978-4-416-61871-4